剪映 即梦AI

绘画与视频生成从入门到实践

古月 编著

清華大学出版社
北 京

内容简介

本书内容精心编排，讲解清晰明了，实例丰富且生动有趣，确保读者能够系统地掌握AI艺术创作的精髓。全书通过两大主线逐步展开：技能线，从剪映即梦的相关功能入手，介绍即梦平台、以文生图、以图生图、生图模型、智能画布、智能编辑、文生视频、图生视频、剪映App、绘画实践、视频实践等内容，从基础的平台操作到高级的创作技巧，逐步引导读者探索AI艺术的无限可能；案例线，通过大量的实践案例，包括人像、风光、动物、植物、建筑、产品等多种题材，同时涉及艺术插画、商业设计、AI摄影、影视制作、动画短片、旅行视频、电商广告、游戏宣传等多个领域，将读者带入AI艺术创作的精彩世界！

11章专题内容讲解＋80个经典实例教程＋759张图片全程图解，并随书附赠116分钟教学视频＋68个素材文件＋246个实例效果＋91组AI描述词，旨在引领读者走进剪映即梦的世界，掌握AI在绘画与视频制作领域的创新技术，利用AI让想象成真！

本书适用读者：图片、视频内容创作者；艺术家、插画师、设计师、摄影师、漫画家、短视频编导、艺术工作者等；美术、设计、计算机科学与技术等专业的学生。

图书在版编目（CIP）数据

剪映即梦AI绘画与视频生成从入门到实践 / 古月编著 .
北京 : 清华大学出版社 , 2025. 2（2025.4重印）. -- ISBN 978-7-302-67922-6
Ⅰ . TP317.53
中国国家版本馆CIP数据核字第2025YF5111号

责任编辑：李　磊
封面设计：杨　曦
版式设计：恒复文化
责任校对：成凤进
责任印制：杨　艳

出版发行：清华大学出版社
网　　址：https://www.tup.com.cn，https://www.wqxuetang.com
地　　址：北京清华大学学研大厦A座　　邮　　编：100084
社 总 机：010-83470000　　邮　　购：010-62786544
投稿与读者服务：010-62776969，c-service@tup.tsinghua.edu.cn
质 量 反 馈：010-62772015，zhiliang@tup.tsinghua.edu.cn
印 装 者：北京联兴盛业印刷股份有限公司
经　　销：全国新华书店
开　　本：185mm×260mm　　印　　张：13.25　　字　　数：353千字
版　　次：2025年3月第1版　　印　　次：2025年4月第2次印刷
定　　价：89.00元

产品编号：107911-01

Preface 前言

在人工智能的浪潮中，创意与技术的结合正以前所未有的速度重塑着艺术与娱乐产业。本书正是在这样的背景下写作的，旨在引导读者探索人工智能（Artificial Intelligence，AI）在视觉艺术创作领域的无限可能。

随着 AI 技术的飞速发展，越来越多的人对 AI 绘画与视频生成技术产生了兴趣，本书的创作驱动源于对这一趋势的深刻洞察，以及对普及 AI 艺术创作工具的渴望。希望通过本书，能够让每一位对 AI 艺术充满好奇的读者轻松入门、逐步精通，并利用即梦（曾用名 Dreamina）平台释放自己的创意潜能。

即梦是剪映旗下的创新 AI 艺术创作平台，它集成了最新的人工智能技术，为用户提供一个简单易用、功能强大的创作环境。无论是 AI 绘画还是视频生成，即梦都能够根据用户的指令生成令人惊叹的艺术作品。即梦不仅是艺术家和设计师的得力助手，也是所有对视觉艺术感兴趣的人的创意伙伴。

目前，越来越多的人开始探索用 AI 工具来增强自己的创作能力，还有大量初学者渴望进入这一领域。希望本书能够为读者提供一个清晰的学习路径，帮助读者理解 AI 艺术创作的基本原理，掌握即梦平台的使用技巧，开阔创意思维。

本书特色

学习 AI 绘画与视频创作不仅是为了掌握一项新技能，更是为了在这个快速变化的世界中保持竞争力、发挥创造力，以及开拓新的可能性。本书具有如下特色。

❶ 全面性：从即梦平台的基本功能到深入操作，本书提供了全面的指导，具体内容包括以文生图、以图生图、生图模型、智能画布、智能编辑、文生视频、图生视频、剪映 App、绘画实践、视频实践等，确保读者能够系统地掌握 AI 艺术创作的各个方面。

❷ 实用性：本书通过 80 个精心设计的实例，将复杂的 AI 艺术创作技巧转化为易于理解和操作的步骤。这些教程经过实践检验，能够帮助读者快速上手，无论是初学者还是有经验的创作者，都能在实践中提升自己的 AI 艺术创作能力。

❸ 创新性：本书介绍了即梦平台的创新应用，读者将有机会探索图片生成、智能画布、视频生成，以及故事创作等前沿技术，这些内容能够激发读者的创新灵感，使其在 AI 艺术创作领域保持前沿探索的态势。

❹ 易读性：为了使内容更加生动易懂，本书配备了 759 张插图，采用图文结合的方式进行教学。通过这种直观的方式，即便是 AI 领域的新手，也能够轻松跟随书中的思路，快速理解并掌握 AI 艺术创作的相关知识。

❺ 互动性：书中重点内容均配备了教学视频，共计 116 分钟，读者只需使用手机扫码，即可随时随地学习。同时，本书特别强调互动学习，通过与即梦平台的实时互动，读者可以立刻看到学习成果，这种即时反馈机制极大地提升了学习的乐趣和效率。

本书目标

随着 AI 技术的普及，市场对掌握 AI 绘画与视频制作知识的人才需求日益增加。读者通过学习本书，能够增强 AI 创作技能，进而在市场中获得以下显著优势。

❶ 技能提升：掌握 AI 绘画与视频生成的核心技能，增强个人的艺术创作能力。

❷ 创意激发：通过学习 AI 艺术创作，激发新的创意思维和灵感。

❸ 职业发展：为艺术和设计领域的专业人士提供新的职业发展机会。

❹ 市场洞察：了解 AI 艺术创作市场的最新动态和未来发展趋势。

❺ 社区参与：加入 AI 艺术创作社区，与同行交流和合作。

随着 AI 技术的不断进步，艺术创作的方式也在不断演变。本书不仅是一本学习 AI 创作技法的指南，更是一把打开 AI 艺术创作世界的钥匙。让我们一起探索这个充满无限可能的新领域，创造更加卓越和精彩的艺术作品。

温馨提示

❶ 版本更新：本书在编写时，操作图片是基于当时的各种工具的界面截取的，但图书从编辑到出版需要一段时间，在这段时间一些工具的功能和界面可能会发生变动，请读者在阅读时根据书中的思路举一反三进行学习。书中采用的剪映 App 为 13.9.0 版本。

❷ 描述词：也称为文本描述（或描述）、提示词（或提示）、文本指令（或指令）、关键词等。需要注意的是，即使是相同的描述词，AI 模型每次生成的文本、图像、视频等内容都会有差别，这是模型基于算法与算力得出的结果。因此，书中的截图与视频有所区别，读者如果使用同样的描述词生成内容，产生的效果也会有所差异。

资源获取

本书提供素材文件、实例效果、教学视频，以及其他资源，读者可扫描下列二维码获取。

素材文件

实例效果

教学视频

其他资源

本书由古月编著，参与编写的人员还有苏高等人。

由于编者知识水平所限，书中难免存在疏漏之处，恳请广大读者批评、指正。

编者

2024.6

Contents 目录

第 1 章
认识即梦：开启 AI 艺术新纪元

即梦不仅是一个名字，它还代表了一个创新的概念，一种将艺术创作与人工智能技术结合的全新尝试。在这里，艺术的边界超越了传统框架的束缚，想象力和科技的结合让创作变得更加多元和自由。本章将作为入门指南，引导大家学习如何使用即梦平台，释放创造力，玩转 AI 艺术。

1.1 了解即梦 Dreamina

2024 年 5 月 9 日，剪映 Dreamina 官方宣布其品牌正式更名为“即梦”，同时其 AI 作图和 AI 视频生成功能全量上线，用户可以通过访问即梦官网来体验这些功能。

本节将为大家揭开即梦的神秘面纱，介绍其登录方法、功能界面等基础知识，帮助大家学会利用 AI 的力量将自己的创意转化为视觉艺术作品。无论你是艺术家、设计师，还是对 AI 艺术充满好奇的探索者，即梦都将为你提供一个展示创意的舞台。

1.1.1 登录即梦平台

扫码看视频

本节介绍登录即梦平台的操作方法，帮助用户迅速进入即梦的艺术创作空间，探索即梦带来的无限创意和便捷体验。

01 进入即梦官网首页，单击右上角的“登录”按钮，如图 1-1 所示。

图 1-1 单击“登录”按钮

02 执行操作后，进入即梦的登录页面，选中相应的复选框，并再次单击“登录”按钮，如图 1-2 所示。

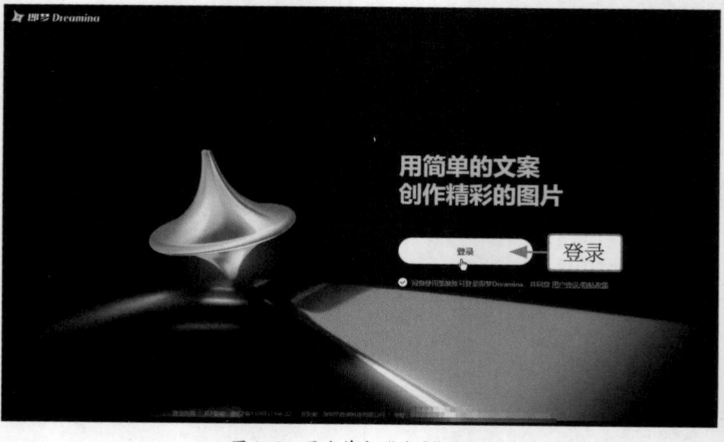

图 1-2 再次单击“登录”按钮

03 执行操作后，弹出“抖音授权登录”窗口，用户可以选择“扫码授权”或“验证码授权”(即通过手机验证码授权登录)两种方式，如图 1-3 所示。

图 1-3 选择授权方式

04 以扫码授权为例，在手机上打开抖音 App，进入“首页”界面，点击左上角的菜单按钮☰，如图 1-4 所示。

05 执行操作后，即可展开左侧菜单，点击“扫码”按钮，如图 1-5 所示。

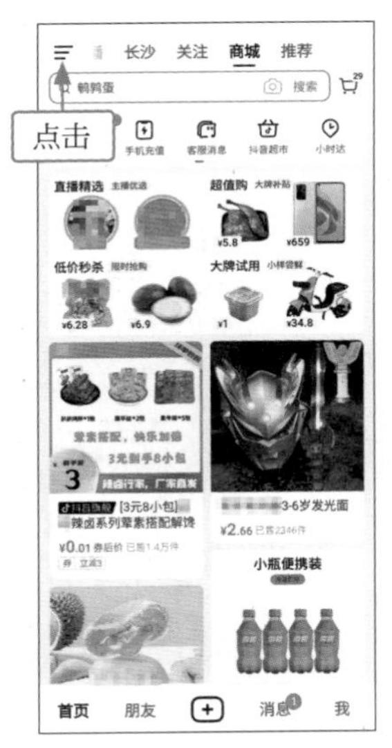

图 1-4 点击菜单按钮

图 1-5 点击“扫码”按钮

专家提醒

抖音的登录过程很简单：首先在手机上打开抖音 App，然后选择一种登录方式，如手机号、微信或 QQ 等，输入相应的账号信息并完成验证，如输入验证码或密码，即可成功登录。如果遇到登录问题，利用抖音 App 内的“找回密码”或“找回账号”功能，可以重置密码或恢复账号。

06 执行操作后，进入识别模式，将手机镜头对准网页上的二维码，系统会自动识别二维码，并进行扫码授权登录，如图 1-6 所示。

07 执行操作后，进入“抖音授权”界面，选择相应的头像 / 昵称，点击“同意授权”按钮，如图 1-7 所示。

图 1-6　手机扫码授权登录

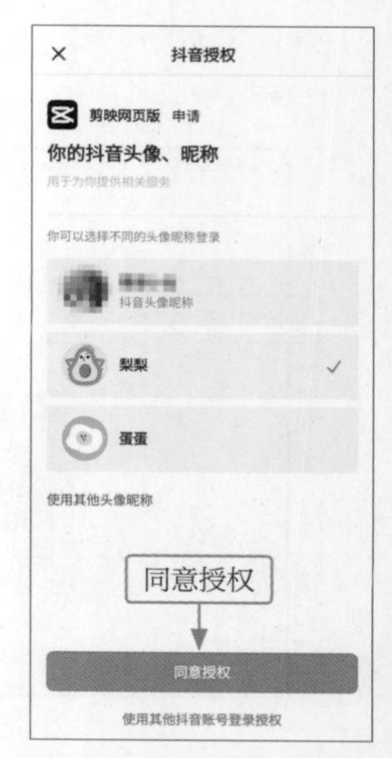

图 1-7　选择头像和昵称并授权

08　执行操作后，网页端即可自动登录抖音账号，同时即梦平台右上角会显示用户的剪映头像，如图 1-8 所示。

图 1-8　登录即梦平台

09　单击剪映头像，在弹出的列表框中选择“退出”选项，如图 1-9 所示，即可退出账号。

图 1-9　退出账号

1.1.2　即梦的功能界面

扫码看视频

即梦的功能界面旨在提供一种无缝且对用户友好的体验，无论是资深艺术家还是初次尝试数字创作的新手，都可以通过精心设计的即梦功能界面，轻松地导航和使用各种工具，将自己的创意转化为引人入胜的视觉作品。

用户登录即梦平台后即可看到首页，基本界面包含图 1-10 所示的几个部分，相关介绍如下。

图 1-10　即梦首页的基本界面

❶ 左侧导航栏：探索、活动、个人主页、资产、消息中心等导航链接。例如，单击“消息中心”链接，在打开的“消息中心”窗口中，可以查看互动消息和官方消息，如图 1-11 所示。

图 1-11　打开“消息中心”窗口

❷ 功能区：“AI 作图”和“AI 视频”两大板块。其中，“AI 作图”选项区包含“图片生成”和“智能画布”功能，可以轻松制作创意图像效果；“AI 视频”选项区包含“视频生成”和“故事创作”功能，可以让用户的创意动起来。

专家提醒

“故事创作”是即梦发布的一项新功能，它不仅扩展了即梦的服务范围，还为用户提供了一个强大的 AI 工具。“故事创作”功能利用先进的 AI 技术，让每位用户都能够编织和打造更加引人入胜和富有个性色彩的故事内容，为用户开启一个全新的维度。

❸ 画廊 / 作品集：包括“图片”和“视频”两个选项卡，用户可以在此查看他人作品，并进行点赞、关注、下载和分享链接等互动，如图 1-12 所示。

图 1-12 查看他人作品

1.1.3 即梦的社区探索

扫码看视频

在即梦平台的左侧导航栏中，单击“探索”链接进入其页面，此处为广大用户精心创作的作品集合，包括丰富多彩的图片和动态视频作品，如图 1-13 所示。

图 1-13 “探索”页面

这里的每一件作品都是创意与个性的展现，它们不仅呈现了作者的艺术视角，还反映了即梦平台中多样化的创作风格。同时，“探索”页面鼓励用户之间的互动，用户可以通过点赞或分享来表达对作品的喜爱和支持。

另外，“探索”页面还是发现流行趋势和热门话题的绝佳场所，使用户能够随时把握创作领域的最新动态。用户还可以通过单击相应的标签，来筛选查看不同类型的作品。例如，单击“插画”标签，即可查看所有插画类作品，如图 1-14 所示。

图 1-14　查看插画类作品

总之，“探索”页面集创作灵感与视觉享受于一身，无论是寻找灵感的创作者，还是渴望沉浸于美妙视觉体验的用户，都能在此得到满足。让我们在探索中发现，在发现中创造，共同享受这场视觉与心灵的盛宴。

1.1.4　即梦的创作活动

在即梦平台的左侧导航栏中，单击“活动”链接进入其页面，这里展现了一个充满活力和互动性的社区中心，如图 1-15 所示。“活动”页面汇集了即梦平台上正在进行的各种活动和挑战赛，旨在激发用户的创造力和参与度。

扫码看视频

图 1-15　“活动”页面

“活动”页面中会不定期举行多样化的创作活动，每个活动都有其独特的主题和目标，吸引着不同兴趣和技能水平的用户参与。这些创作活动不仅为用户提供了一个展示自我和作品的机会，也为用户带来了无限的乐趣和可能，用户之间还可以相互学习，分享创作经验，并建立联系。另外，活动还会设置奖励机制，包括创意基金、荣誉徽章、虚拟奖品，甚至实物奖励等，以表彰用户的杰出作品和积极参与。用户可以在页面中选择自己感兴趣的活动，进入活动详情页面，申请参赛资格，如图 1-16 所示。

图 1-16　活动详情页面

在活动详情页面，用户还可以查看活动流程和赛事详情。例如，“未来影像计划”活动包括“主题挑战赛”和“每周挑战榜”两个板块，每个板块都有其独特的结构和目标，为用户提供了多样化的参与方式和展示才华的机会，如图 1-17 所示。

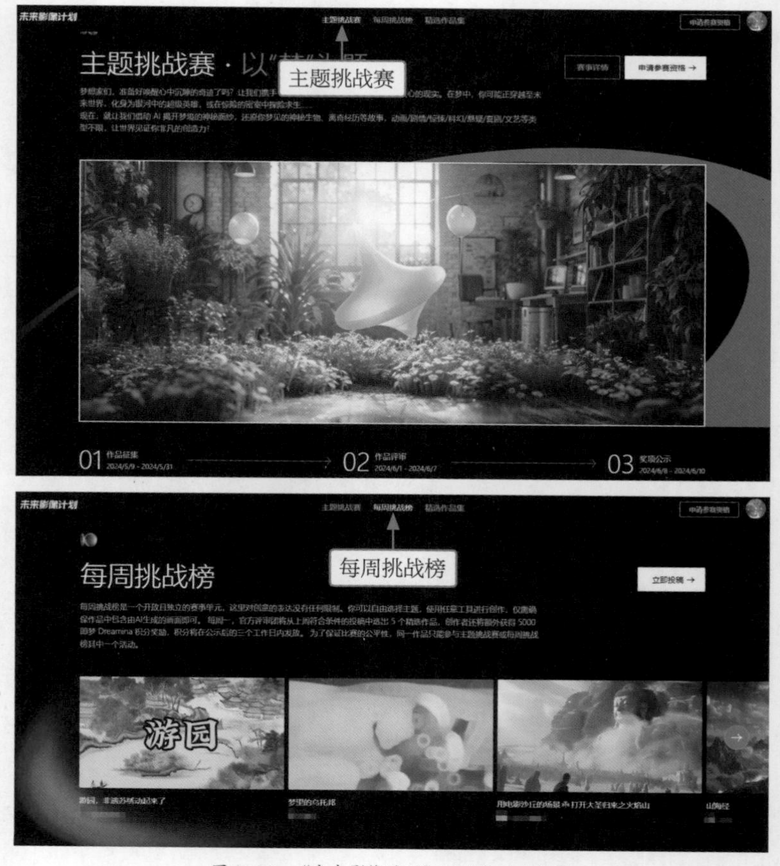

图 1-17　“未来影像计划”活动的两个板块

“活动”页面还是用户寻找创作灵感的绝佳地点，无论是跟随节日活动创作节日主题作品，还是参与技术挑战赛提升个人技能，都能激发参与者创意的火花。在“活动”页面的下方，单击顶部的“精选作品集”链接，可以查看参赛作品，如图 1-18 所示。这些作品通常会按照提交时间、获赞数或官方推荐等标准进行排序，方便用户快速浏览和发现优秀作品。

图 1-18　活动参赛作品

1.1.5　个人主页的管理

在即梦平台的左侧导航栏中，单击“个人主页”链接进入其页面，在此可以查看用户的账号信息，包括粉丝、关注等数据，以及分享链接、点赞作品等，如图 1-19 所示。“个人主页”页面是用户社交互动的中心，用户可以在这里查看作品的点赞量、新增粉丝，以及自己与其他用户的互动情况。

扫码看视频

图 1-19　“个人主页”页面

1.1.6　即梦的资产管理

扫码看视频

在即梦平台的左侧导航栏中，单击“资产”链接进入其页面，在此可以查看用户在平台上创作的所有作品，内容包括画布、图片、视频和故事等类型。例如，切换至“图片”

选项卡，单击“超清图”标签，即可筛选出用户创作的所有超清图作品，如图 1-20 所示。

图 1-20　筛选用户作品

单击作品缩略图，可以预览作品效果，同时查看作品的生成参数，如描述词、生图模型、图片比例等信息，如图 1-21 所示。

图 1-21　预览作品效果并查看生成参数

单击“批量操作”按钮，选择多组图片，单击“删除”按钮，可以批量删除不满意的图片，如图 1-22 所示。

图 1-22　删除图片

1.2　即梦的 5 大核心功能

即梦是一个充满无限创意与可能性的 AI 艺术创作平台，本节将深入探索即梦的 5 大核心功能，这些功能构成了平台的基石，为用户提供了强大的工具，让他们的艺术创作之旅更加顺畅和精彩。

扫码看视频

1.2.1　文生图功能

文生图 (txt2img) 是一种利用人工智能技术生成图片的方法，它允许用户通过文字描述来生成图像。即梦的文生图功能特别适合那些能够用语言精确表达心中所想，却缺乏绘画技巧的用户。AI 不仅能够理解文字的直接意义，还能够捕捉到其中的细微差别和情感色彩，创造出令人惊叹的图像效果。即梦文生图的相关示例，如图 1-23 所示。

图 1-23　即梦文生图的相关示例

即梦的文生图功能具有对用户友好的操作界面，它不仅降低了艺术创作的门槛，还为用户提供了无限的创意空间。文生图功能的主要特点如下。

❶ 文本到图像的转换：用户只需输入一段描述性的文本，即梦便能够理解其含义，并生成与之匹配的图像。

❷ 高自由度创作：无论是抽象概念还是具体场景，文生图功能都可以根据用户的描述进行创作，相关示例如图 1-24 所示。

❸ 多样化的模型选择：用户可以根据需要选择不同的 AI 模型，以适应不同的创作风格和需求。

❹ 细节控制：通过调整描述词和各种参数，如生图模型、精细度、比例等，用户可以对生成的图像进行精细控制。

专家提醒

AI 绘画是利用人工智能技术进行图像生成的一种数字艺术形式，使用计算机生成的算法和模型来模拟人类艺术家的创作行为，自动化地生成各种类型的数字绘画作品，包括肖像画、风景画、抽象画等。

即梦的文生图功能具备吸收和模拟各类艺术家风格的能力，它能够将这些风格学以致用，创造出独具匠心的艺术作品。通过对生成器的系统训练，AI 能够捕捉并再现特定的艺术形式，如梵高的《星夜》中旋涡状的星空，或毕加索作品中特有的几何化风格等。

图 1-24　抽象概念与具体场景文生图的相关示例

1.2.2　图生图功能

扫码看视频

图生图 (img2img) 是即梦的另一项强大功能，用户只需上传一张现有的图片作为参考，AI 将基于这张图片的风格和内容生成新的图像。即梦图生图的相关示例，如图 1-25 所示。

图 1-25　即梦图生图的相关示例

图生图功能非常适合需要制作大量相似风格图像的设计师，或者想要探索同一主题下不同变体的艺术家。图生图功能通过深度学习算法，能够捕捉并复制原图的视觉元素，同时加入新的创意，生成独一无二的艺术作品。

1.2.3　智能画布功能

扫码看视频

智能画布是即梦平台推出的一款智能图像编辑工具，它将交互式体验提升到一个新的水平。智能画布具备高级的图像编辑功能，使用户能够轻松地抠图、重组，甚至根据AI 的描述词重新绘制图像，其功能界面如图 1-26 所示。

图 1-26　即梦智能画布功能界面

用户可以通过简单的拖放动作，快速选择图像的特定部分进行编辑。无论是想要去除背景、更换图片场景，还是将多个图像元素融合在一起，智能画布功能都能够提供强大的支持。

1.2.4　文生视频功能

扫码看视频

即梦提供的视频生成功能，使用户能够将文字描述转换成视频，或利用图片作为基础生成视频内容。其中，文生视频（又称为文本生视频）功能将文生图的概念扩展到动态视觉艺术领域，用户在输入一系列描述性的语句后，AI 会将这些语句转化为一个视频片段，其功能界面如图 1-27 所示。

图 1-27　即梦文生视频功能界面

文生视频功能非常适合需要制作动态演示、故事叙述或广告内容的视频制作者。文生视频功能不仅可以根据文字描述生成动态图像，还可以智能地添加过渡效果和动画，让视频整体更加流畅且富有表现力。即梦文生视频的相关示例，如图 1-28 所示。

扫码看效果

图 1-28　即梦文生视频的相关示例

1.2.5　图生视频功能

扫码看视频

图生视频（又称为图片生视频）功能允许用户上传一张或多张图片，AI 会将这些静态图像转化为一段视频，其功能界面如图 1-29 所示。该功能非常适合那些需要将静态作品制作成视频集锦的用户。

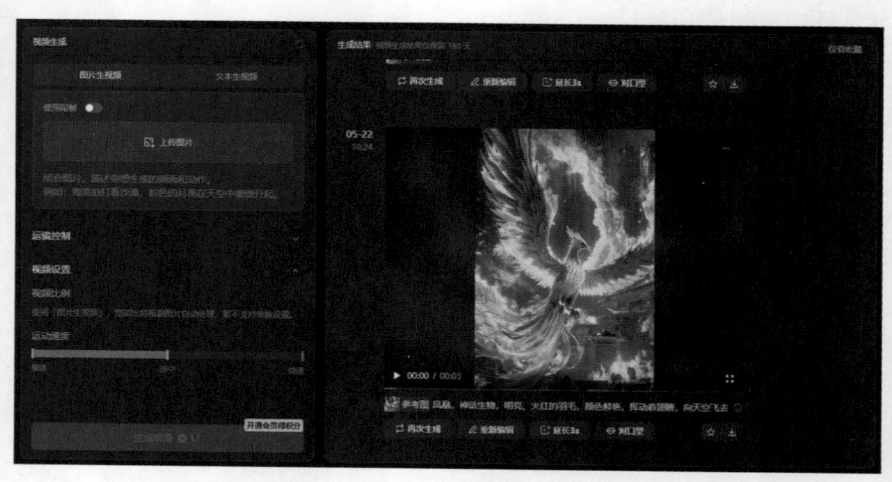

图 1-29　即梦图生视频功能界面

同时，即梦还提供了多种镜头运动、视频比例和运动速度的选项，用户可以根据创作需求定制视频效果。即梦图生视频的相关示例，如图 1-30 所示。

扫码看效果

图 1-30　即梦图生视频的相关示例

即梦在处理视频的动态效果方面表现出色，无论是人物动作还是物体运动，都能生成自然流畅的视频。

专家提醒

图生视频功能的核心在于应用深度学习和计算机视觉的原理。深度学习，作为人工智能的一个重要分支，模仿人脑的神经网络结构，通过机器学习算法对大量数据进行分析和学习。在视频生成领域，深度学习模型经过训练，能够预测视频序列中下一帧的像素分布，实现视频内容的连贯生成。计算机视觉技术的加入，使得 AI 能够识别和处理图像内容，进一步增强了深度学习模型对视频内容的理解和生成能力。通过这些技术的结合，图生视频功能能够分析用户输入的图像，智能地生成具有流畅动态效果的视频，为艺术创作和多媒体展示提供了新的可能性。

第 2 章 以文生图：从文字到图像的 AI 创作技巧

在即梦文生图功能中，用户可以通过精心挑选的描述词和细致的参数调整，引导 AI 理解自己的创作意图，并最终生成符合愿景的绘画作品。通过 AI 的辅助，即使是没有深厚绘画功底的用户，也能实现心中所想，创造出令人惊叹的图像艺术作品。本章主要介绍使用即梦的文生图功能，将抽象的文字描述转化为具体的艺术图像的方法。

2.1　以文生图的基本功能

即梦展现的卓越图像生成能力，引发了大众对这个领域的无限遐想与憧憬，特别是它的文生图功能，只需要通过简单的文本描述，即可生成精美、生动的图像效果，为创作提供了极大的便利。

2.1.1　输入描述词生成图像

扫码看视频

文生图是即梦“AI 作图”功能中的一种绘图模式，用户可以通过它选择不同的模型、填写描述词（通常称为提示词）和设置参数来生成想要的图像，效果如图 2-1 所示。

图 2-1　效果展示

下面介绍输入描述词生成图像的操作方法。

01　进入即梦官网首页，在“AI 作图”选项区中，单击“图片生成”按钮，如图 2-2 所示。

图 2-2　单击“图片生成”按钮

02 执行操作后，进入“图片生成”页面，输入描述词，用于指导 AI 生成特定的图像，如图 2-3 所示。

图 2-3　输入描述词

03 单击“立即生成”按钮，即可生成 4 张图片，效果如图 2-4 所示。单击图片，可以查看大图效果。

图 2-4　生成 4 张图片效果

专家提醒

值得注意的是，尽管使用了完全相同的描述词、模型和生成参数，AI 每次生成的图像效果仍会有所差异。这种差异源于 AI 模型的随机性，即使在相同的条件下，AI 也会以不同的方式解释和执行指令，从而产生独特的图像。

2.1.2　设置AI出图精细度

在“图片生成”功能中，精细度是一个关键的生成参数，它直接影响到最终图像的清晰度和细节丰富度。通过增加精细度数值，AI 可以生成细节更丰富、更清晰的图像，从而产生更加逼真和细致的视觉效果。图 2-5 为使用不同精细度参数生成的图像效果。

扫码看视频

图 2-5　效果对比

下面介绍设置 AI 出图精细度的操作方法。

01 进入“图片生成”页面，输入描述词，用于指导 AI 生成特定的图像，如图 2-6 所示。

02 单击“模型”选项右侧的按钮，展开“模型”选项区，设置“精细度”为 10，如图 2-7 所示。较低的精细度意味着 AI 在渲染图像时所需的计算资源减少，这在硬件资源受限的情况下尤为重要。

图 2-6　输入描述词

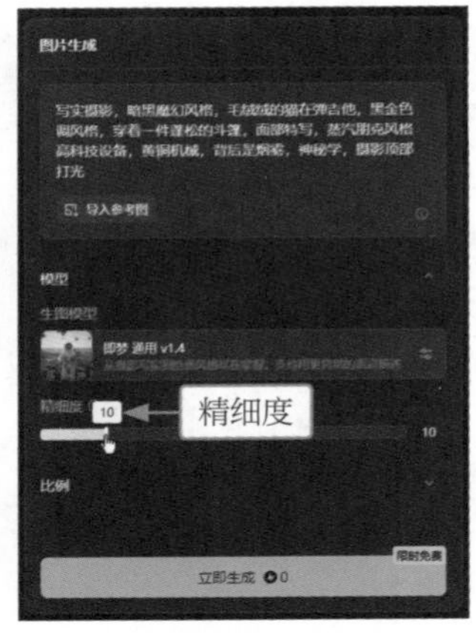

图 2-7　设置精细度

专家提醒

提高“精细度”，意味着 AI 需要在图像的每个像素上进行更复杂的计算，包括颜色的渐变、纹理的生成、光影效果的处理等。因此，随着精细度的提高，图像的生成时间也会相应延长。用户在追求高质量图像的同时，需要权衡生成时间和计算成本。

此外，精细度也与 AI 模型的复杂性有关。一些高级的 AI 模型能够处理更高的精细度，生成更加细腻和逼真的图像，但同时也需要更长的处理时间。因此，用户在选择 AI 模型时，需要考虑生成时间和图像质量之间的平衡问题。

03 单击“立即生成”按钮，生成相应的图像效果，如图 2-8 所示。可以看到，较低的精细度会导致生成的图像细节减少，一些细微的纹理和色彩渐变可能无法被充分展现。

图 2-8 低精细度生成的图像效果

04 设置"精细度"为 40，单击"立即生成"按钮，生成相应的图像效果，如图 2-9 所示。可以看到，图像的细节会更加丰富和清晰，同时物体表面的纹理和材质看起来也更加真实和细腻。

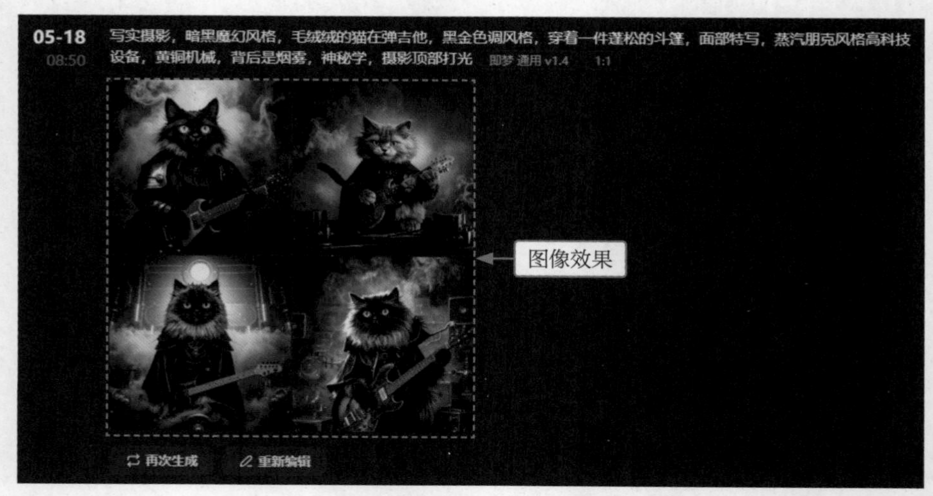

图 2-9 高精细度生成的图像效果

专家提醒

在实际应用中，用户可以根据自己的需求来调整精细度。如果时间允许，追求极致图像质量的用户可以选择较高的精细度；而对于需要快速生成图像的用户，则可以适当降低精细度，以缩短制图等待时间。

2.1.3 设置图像的比例尺寸

扫码看视频

即梦的图像设置功能中，提供了几个固定的比例参数预设选项，包括 16:9、3:2、4:3、1:1、3:4、2:3、9:16 等常见的比例尺寸，相关介绍如下。

❶ 16:9，这是一种在现代电视和显示器中广泛采用的宽屏比例尺寸，它极其适合展现电影、视频或网页背景等多媒体元素，效果如图 2-10 所示。

图 2-10　16:9 的图像效果

❷ 3:2，这是一种经典的比例尺寸，广泛应用于摄影和印刷领域，特别适合作为杂志插图、书籍封面，以及社交媒体图像设计的首选尺寸，效果如图 2-11 所示。

❸ 4:3，这是一种传统的电视和显示器的比例尺寸，适合生成标准视频内容或网页图像，效果如图 2-12 所示。

图 2-11　3:2 的图像效果

图 2-12　4:3 的图像效果

专家提醒

需要注意的是，当 AI 生成比例为 3:2 的图像时，可能会在图像的顶部和底部添加黑色边框，以营造出类似电影银幕的视觉效果。这种设计不仅增强了图像的视觉效果，还能够让观众感受到一种沉浸式的观影体验。

黑色边框可以引导观众的视线，使其聚焦于图像的主要内容，增强整体构图的稳定性和平衡感。另外，在不同的显示设备上，黑色边框还可以提供额外的缓冲区域，确保图像内容的完整性和适配性。

❹ 1:1，正方形比例尺寸，适合生成社交媒体头像、图标或正方形广告图像，效果如图 2-13 所示。

❺ 3:4，这种比例尺寸较为少见，通常用于生成强调垂直方向的图像，如手机壁纸或社交媒体故事，效果如图 2-14 所示。

图 2-13　1:1 的图像效果

图 2-14　3:4 的图像效果

❻ 2:3，与 3:2 相反，这种比例尺寸强调垂直方向，适合生成竖幅广告或手机短视频素材，效果如图 2-15 所示。

❼ 9:16，这是一种较新的竖屏比例尺寸，常用于移动设备和社交媒体平台，适合生成手机壁纸或抖音等短视频平台的图片内容，效果如图 2-16 所示。

图 2-15　2:3 的图像效果

图 2-16　9:16 的图像效果

专家提醒

即梦提供的预设比例，使得用户可以根据自己的需求选择合适的图像尺寸。无论是为了适应特定的显示设备、满足独特的视觉风格，还是为了优化在社交平台上的展示效果，用户都可以轻松选择最合适的比例参数。

下面介绍设置图像比例尺寸的操作方法。

01　进入“图片生成”页面，输入描述词，用于指导 AI 生成特定的图像，如图 2-17 所示。

02　单击“比例”选项右侧的■按钮，展开“比例”选项区，选择 16:9 选项，如图 2-18 所示。

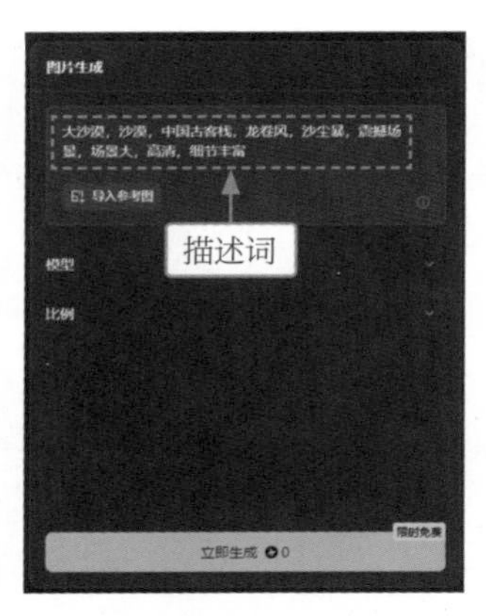

图 2-17　输入描述词

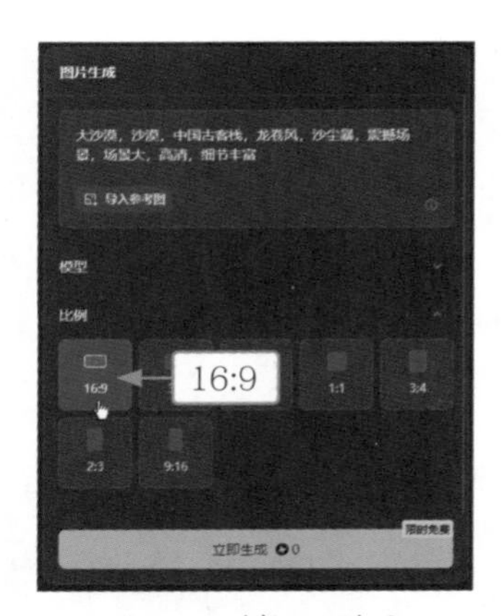

图 2-18　选择 16:9 选项

03 单击“立即生成”按钮，即可生成相应比例的图像，效果如图 2-19 所示。

图 2-19　生成相应比例的图像

04 单击图片的缩览图，即可预览大图效果，如图 2-20 所示。

图 2-20　预览大图效果

2.1.4　再次生成新的图像

即梦允许用户对生成的图像效果进行多次尝试和调整。用户如果对 AI 初始生成的图像效果不满意，可以单击“再次生成”按钮，以重新创建另一组图像效果，如图 2-21 所示。

图 2-21　效果展示

下面介绍再次生成新图像的操作方法。

01 进入“图片生成”页面，输入描述词，用于指导 AI 生成特定的图像，如图 2-22 所示。

02 单击“立即生成”按钮，即可生成相应的图像效果，单击图像下方的“再次生成”按钮，如图 2-23 所示。

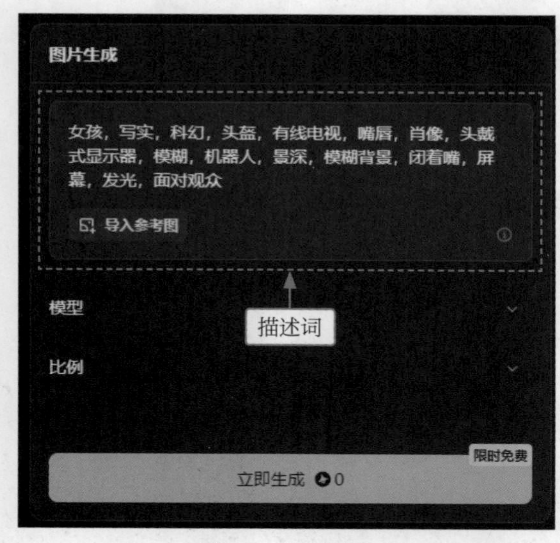

图 2-22　输入描述词

图 2-23　单击“再次生成”按钮

专家提醒

每次单击“再次生成”按钮，AI 都会根据用户输入的描述词和设定的生成参数，采用其算法和数据库中的资源生成一组全新的图像。这个过程可以重复进行，直到用户获得满意的图像效果为止。

用户可以尝试不同的描述词组合，或者调整生成参数，以观察这些变化如何影响最终图像的效果。这种交互式的创作过程，不仅增加了艺术创作的趣味性，还有助于用户更深入地了解 AI 绘画工具的工作原理和潜力。

03 执行操作后，即可重新生成一组图像，效果如图 2-24 所示。

图 2-24　重新生成一组图像效果

2.1.5　重新编辑生成参数

扫码看视频

若用户对 AI 生成的图像效果不满意，可以单击“重新编辑”按钮，对描述词和生成参数进行适当调整，以获得更符合预期的图像，效果对比如图 2-25 所示。

图 2-25　效果对比

用户可以通过以下方式对描述词和生成参数等进行优化。

❶ 优化描述词：用户可以对 AI 的指令进行细化，添加或删除某些描述词，以引导 AI 生成更精确的图像。

❷ 调整风格和元素：通过改变风格描述或添加特定的视觉元素，用户可以探索不同的视觉效果。

❸ 修改色彩和氛围：用户通过调整色彩方案或描述图像的氛围，可以改变图像的整体感觉，获得更加生动或符合情感氛围的图像。

❹ 尝试不同的比例和构图：改变图像的比例或构图，可能会产生意想不到的图像效果，用户可以尝试通过不同的比例设置来寻找最佳的视觉效果。

下面介绍重新编辑生成参数的操作方法。

01 进入“图片生成”页面，输入描述词，用于指导 AI 生成特定的图像，如图 2-26 所示。

02 单击“立即生成”按钮，即可生成相应的图像效果，单击图像下方的“重新编辑”按钮，如图 2-27 所示。

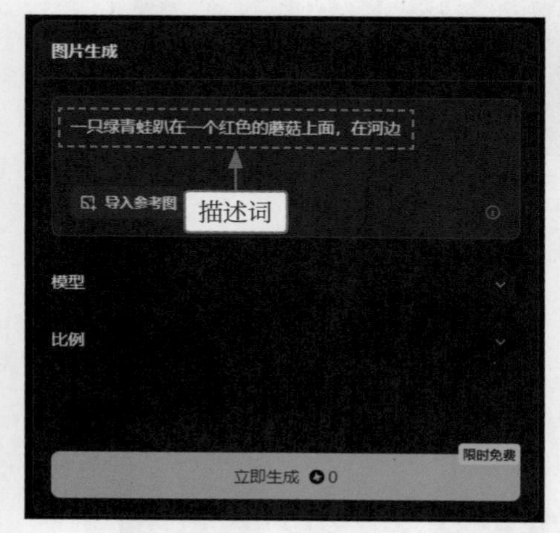

图 2-26 输入描述词

图 2-27 单击“重新编辑”按钮

03 执行操作后，光标会自动定位到描述词上，适当修改描述词，将场景更换为森林，并设置“比例”为 3:4，如图 2-28 所示。

04 单击“立即生成”按钮，再次生成图像效果，画面的背景和比例都会相应改变，如图 2-29 所示。

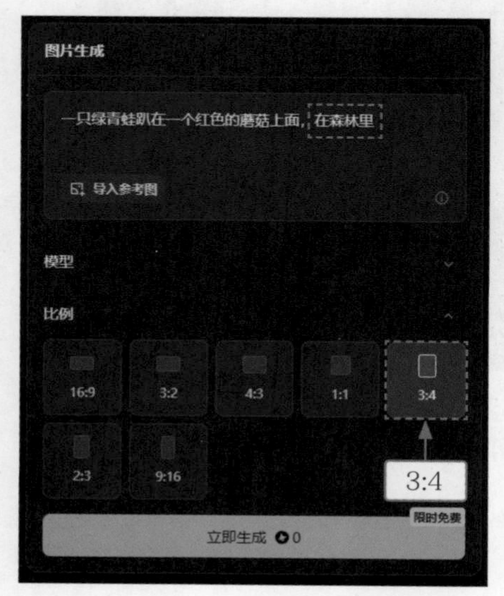

图 2-28 修改描述词和比例

图 2-29 再次生成图像效果

2.1.6　一键生成同款图像

扫码看视频

即梦平台的首页不仅是一个展示区，更是一个互动和灵感激发的空间，这里汇集了用户创作的多样化的艺术作品，每件作品都详细列出了创作时所使用的描述词和生成参数，这不仅极大地提升了创作的透明度，也为其他用户提供了宝贵的学习与借鉴的机会。当用户发现自己喜爱的作品时，只需单击“做同款”按钮，便能迅速制作出风格相似的图像，效果如图 2-30 所示。

图 2-30　效果展示

下面介绍一键生成同款图像的操作方法。

01　进入即梦官网首页，在“图片”选项卡中选择喜欢的 AI 绘画作品，单击“做同款”按钮，如图 2-31 所示。

图 2-31　单击“做同款”按钮

02　执行操作后，页面右侧会弹出“图片生成”窗口，在此可以查看 AI 绘画作品的描述词和生成参数，单击“立即生成”按钮，如图 2-32 所示。

03　执行操作后，即可使用相同的描述词和生成参数，生成类似的图像，效果如图 2-33 所示。

图 2-32 单击"立即生成"按钮

图 2-33 生成类似的图像

2.2 AI 绘画描述词的编写技巧

在使用即梦的文生图功能时，描述词是激发创造力和引导艺术创作的关键，它如同画家的调色板，通过精心挑选和搭配，能够调和出令人惊叹的视觉作品。编写有效的描述词需要技巧和策略，这不仅关乎语言的选择，还涉及如何与 AI 算法进行有效沟通。

本节将探讨 AI 绘画描述词的编写技巧，揭示如何通过简洁而精确的语言，引导 AI 创作出符合用户想象的画作。

2.2.1 主体描述

主体是图像中最重要的部分，是引导观众视线和表现画面主题的关键元素。主体可以是人物、风景、物体等任何具有视觉吸引力的事物，需要在构图中得到突出，与背景形成明显的对比。图 2-34 的画面主体为一只小猫，它可爱、活泼、好奇的特性可以立即吸引观众的目光。

扫码看视频

图 2-34 效果展示

下面介绍通过主体描述词生成图像的操作方法。

01　进入“图片生成”页面，输入描述词，用于指导 AI 生成特定的图像，如图 2-35 所示。

02　单击“立即生成”按钮，即可生成相应的图像，画面主体为一只小猫，效果如图 2-36 所示。

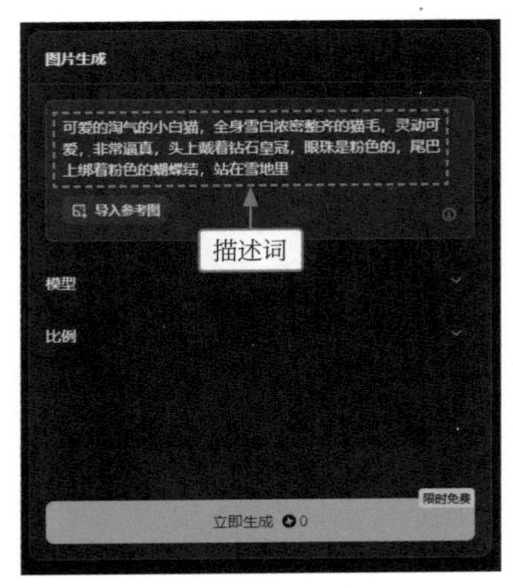

图 2-35　输入描述词

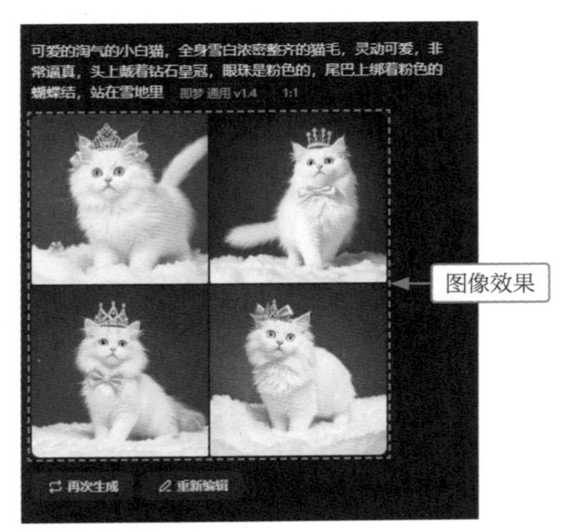

图 2-36　生成主体图像

2.2.2　画面场景

在 AI 绘画中，精心构建的描述词对于生成高质量图像至关重要。其中，画面场景是描述词的核心组成部分，它不仅包含了环境的总体氛围，还涵盖了点缀元素和其他细节的描述。图 2-37 的画面场景为城市夜景，繁华的街道上灯火辉煌，高耸的摩天大楼与闪烁的霓虹灯交织成一幅充满活力的现代画卷。

扫码看视频

图 2-37　效果展示

下面介绍通过画面场景描述词生成图像的操作方法。

01 进入“图片生成”页面，输入描述词，用于指导 AI 生成特定的图像，如图 2-38 所示。

02 单击“比例”选项右侧的按钮，展开“比例”选项区，选择 3:4 选项，如图 2-39 所示。

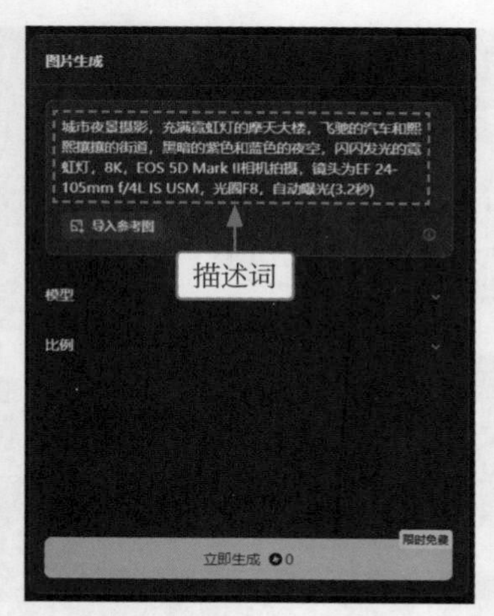

图 2-38 输入描述词

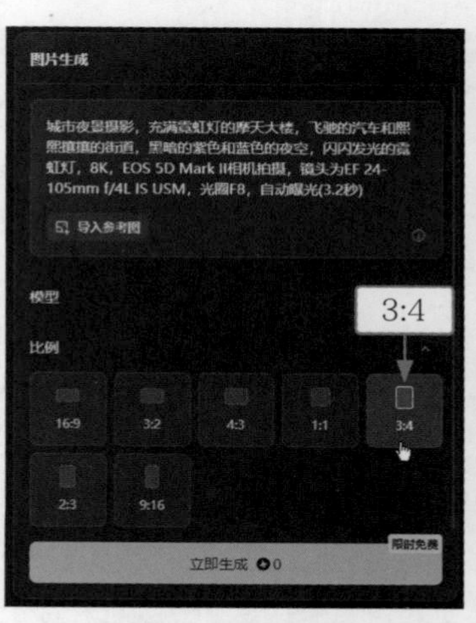

图 2-39 选择 3:4 选项

03 单击“立即生成”按钮，AI 即可生成既具有现实感又带有艺术气息的城市夜景图像，让观众仿佛置身于一个充满活力的夜晚都市场景之中，效果如图 2-40 所示。

图 2-40 生成城市夜景图像

专家提醒

描述词是一种文本提示信息或指令，用于指导生成图像的方向和画面内容。描述词可以是关键词、短语或句子，用于描述所需的图像样式、主题、风格、颜色、纹理等。用户通过提供清晰的描述词，可以使 AI 生成更符合需求的图像效果。

在图像生成领域，描述词的应用尤为广泛，它是一种调节 AI 模型的方法。当用户输入想要的内容和效果，AI 模型会分析并理解描述词的含义，并据此生成相应的图像。描述词为用户提供了一种简单而直观的方式，来控制 AI 模型的行为，使得用户可以轻松完成各种复杂的图像生成任务。

2.2.3 艺术风格

在即梦中生成图像时，用户可以使用某些描述词来指导 AI 生成具有特定艺术风格的图像，满足用户对图像的艺术性的要求。图 2-41 展示了一幅工笔画风格的山水国画，其细腻的笔触和精致的细节体现了中国传统绘画的精髓。

图 2-41　效果展示

下面介绍通过艺术风格描述词生成图像的操作方法。

01 进入“图片生成”页面，输入描述词，明确指出“传统工笔画”和“国画”，这有助于 AI 识别并模仿相应的艺术风格，如图 2-42 所示。

02 在描述词下方，设置图片的“精细度”为 40、“比例”为 3:2，提升 AI 出图的细节精美度，并将画面尺寸调整为横图，如图 2-43 所示。

图 2-42　输入描述词

图 2-43　设置生成参数

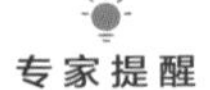

专家提醒

用户可以在描述词中明确指出希望 AI 绘画作品所具有的艺术风格，如“印象派”“立体主义”“浮世绘”等。通过艺术风格描述词，AI 能够理解并模仿特定艺术流派或艺术家的绘画技巧。

03 单击“立即生成”按钮，AI 即可生成相应艺术风格的图像，同时画面具有精细的线条、细腻的笔触和丰富的细节，效果如图 2-44 所示。

图 2-44 生成艺术风格图像

2.2.4 构图方式

扫码看视频

在 AI 绘画中，构图方式描述词主要用来指导 AI 生成图像时遵循特定的视觉布局和结构。构图是艺术作品中安排视觉元素的方法，它影响着作品的整体效果和观众的视觉体验。构图方式描述词可以帮助 AI 实现图像的视觉平衡，如“对称构图”或“不对称平衡”，可以影响作品的稳定性和动态感。

例如，对称构图是指将主体对象平分成两个或多个相等的部分，在画面中形成左右对称、上下对称或者对角线对称等不同形式，从而产生一种平衡和富有美感的画面效果，如图 2-45 所示。

图 2-45 效果展示

下面介绍通过构图方式描述词生成图像的操作方法。

01 进入“图片生成”页面，输入描述词，明确指出“对称构图”，这有助于 AI 识别并模仿相应的构图方式，如图 2-46 所示。

02 单击“比例”选项右侧的按钮，展开“比例”选项区，选择 3:2 选项，如图 2-47 所示。

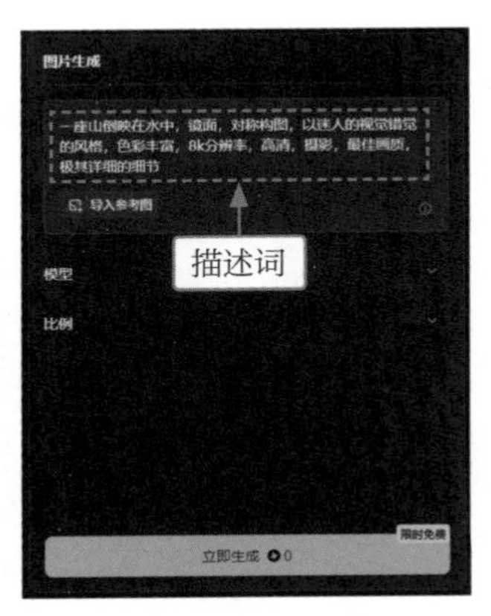

图 2-46　输入描述词

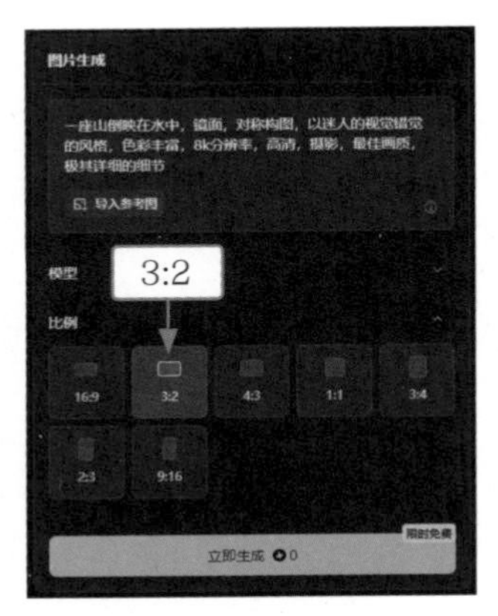

图 2-47　选择 3:2 选项

专家提醒

构图方式描述词可以影响图像中的空间感，如“深远透视”或“平面构成”，可以创造出深度感或强调二维效果。不同的构图方式能够传达不同的情感，如“紧凑构图”可以传达紧张感，而“开放构图”可能带来宁静和自由的感觉。

另外，在需要讲述故事或传达特定信息的 AI 绘画作品中，构图描述词如“场景分割”或“层次分明”，可以帮助构建图像的叙事结构。

03　单击“立即生成”按钮，AI 即可生成相应构图方式的图像。图 2-48 所示的画面以水面为对称轴，山的实体与倒影形成镜像对称，创造出一种平衡和谐的视觉效果。

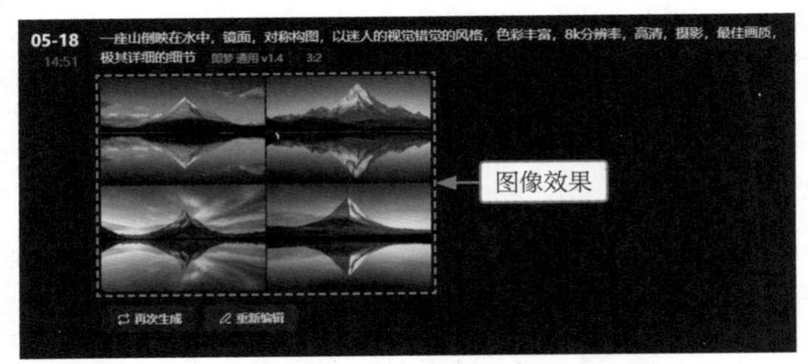

图 2-48　生成对称构图方式的图像

2.2.5　品质参数

扫码看视频

在即梦中生成图像时，使用品质参数描述词可以指导 AI 模型生成更高质量的图像，满足用户对图像质量的要求。下面是品质参数描述词的一些作用。

❶ 指定分辨率：如“4K 分辨率”“8K 分辨率”等描述词，确保图像具有高清晰度和细节水平。注意，AI 只是模拟类似的品质效果，实际分辨率通常是达不到的。

❷ 强调清晰度：如“高清”“超清”等描述词，指导 AI 生成图像时保持高清晰度，减少模糊或噪点。

❸ 提升色彩质量：如“鲜艳色彩”“色彩准确”等描述词，确保图像的色彩鲜明且接近真实。

❹ 提升细节丰富度：如“细节丰富”“精致细节”等描述词，帮助 AI 在生成图像时保留或增强微小而重要的视觉元素。

❺ 加强风格一致性：如“统一风格”“风格一致”等描述词，确保图像整体风格协调，没有突兀或不协调的元素。

❻ 增加视觉效果：如“视觉冲击力”“吸引眼球”等描述词，帮助 AI 创作出能够引起观众强烈情感反应的图像。

❼ 技术标准：如“屡获殊荣的摄影作品”“专业水准”等描述词，确保 AI 生成的图像达到一定的技术质量和专业度。

品质参数描述词在 AI 绘画中的作用是传达用户对最终图像质量的具体要求，确保 AI 生成的图像在视觉上满足高标准，技术上达到专业水平，并符合用户的特定需求。通过品质参数描述词，用户可以更精确地控制 AI 绘画的结果，实现个性化和高质量的艺术创作，效果如图 2-49 所示。

图 2-49 效果展示

专家提醒

图 2-49 通过综合主体描述、构图方式、艺术风格、品质参数等描述词，指导 AI 生成高质量的人物肖像图像，使图像具有丰富的文化元素、鲜艳的色彩、柔和的光影和精致的细节。同时，图像采用中心构图，少女的面部表情和服饰是视觉焦点，整体效果旨在吸引观众并展示出专业摄影作品的艺术水平。

下面介绍通过品质参数描述词生成图像的操作方法。

01　进入“图片生成”页面，输入描述词，用于指导 AI 生成特定的图像，并确保生成的图像具有极高的清晰度和分辨率，如图 2-50 所示。

02　在描述词下方。设置图片的“精细度”为 40、“比例”为 2:3，提升 AI 出图的细节精美度，并将画面尺寸调整为竖图，如图 2-51 所示。

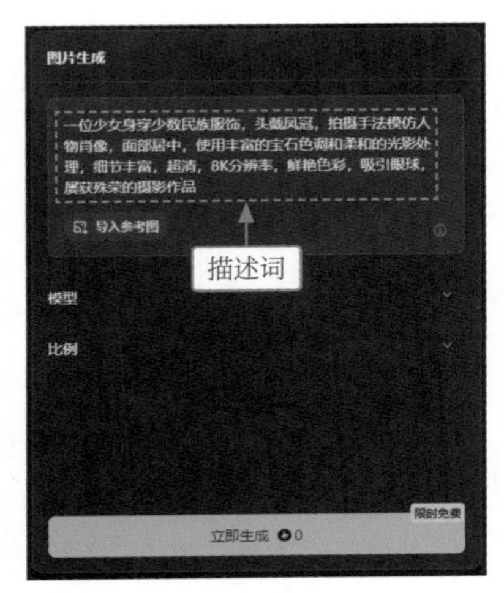

图 2-50　输入描述词

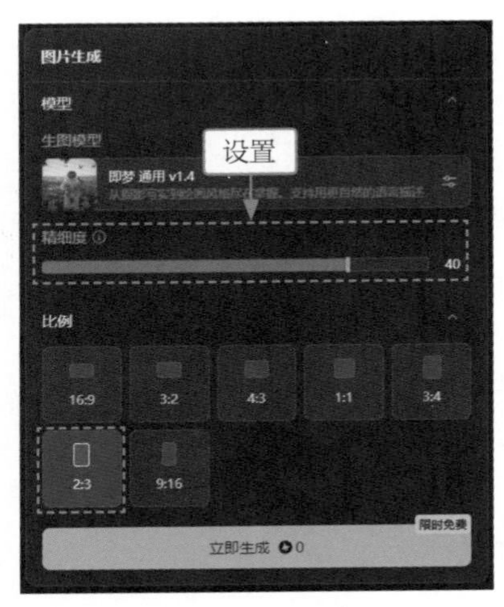

图 2-51　设置生成参数

03　单击“立即生成”按钮，AI 即可生成具有强烈视觉吸引力的图像，能够立即抓住观众的注意力，效果如图 2-52 所示。

图 2-52　生成高品质的图像

第 3 章

以图生图：图像启发的 AI 创作进阶玩法

即梦的图生图功能大幅强化了 AI 的图像生成控制能力和出图质量，用户可以利用 AI 创作出更加个性化的作品风格，生产出富有创意的数字艺术画作。本章将重点介绍以图生图的 AI 绘画技巧，帮助大家

3.1　以图生图的参考内容设置

即梦的图生图功能支持用户输入一张图片并添加文本描述，从而输出修改后的新图片。使用图生图功能时，用户可以设置一定的参考内容，包括主体、人物长相、边缘轮廓、景深、人物姿势等，从而引导 AI 精准描绘出用户心中理想的画面。

3.1.1　参考主体内容以图生图

扫码看视频

在艺术创作的世界里，灵感往往来源于已有的图像或概念。即梦的图生图功能正是基于这样的创作理念，它允许用户以一个参考主体为基础，通过 AI 的想象力和创造力，衍生出全新的艺术作品，原图与新图对比如图 3-1 所示。

图 3-1　原图与新图对比

下面介绍参考主体内容以图生图的操作方法。

01　进入“图片生成”页面，单击“导入参考图”按钮，如图 3-2 所示。

02　执行操作后，弹出“打开”对话框，选择相应的参考图，如图 3-3 所示。

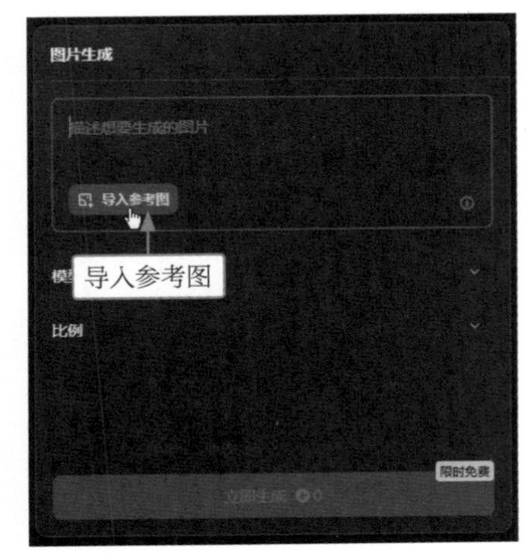

图 3-2　单击“导入参考图”按钮

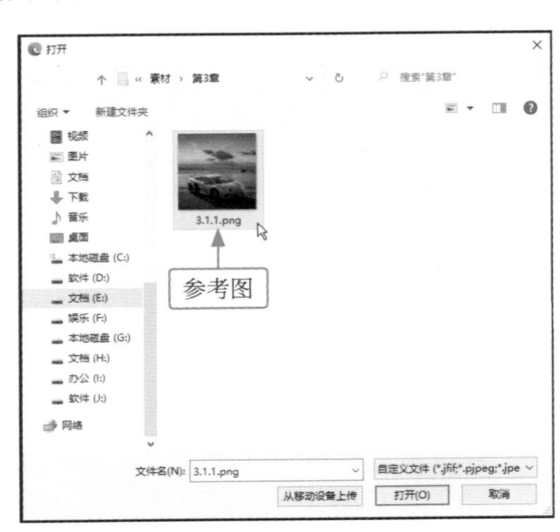

图 3-3　选择参考图

03 单击“打开”按钮，弹出“参考图”对话框，添加相应的参考图，选中“主体”单选按钮，系统会自动识别并选中图像中的主体对象，如图 3-4 所示。

04 单击“保存”按钮，即可上传参考图，输入描述词，用于指导 AI 生成特定的图像，如图 3-5 所示。

图 3-4 选中“主体”单选按钮

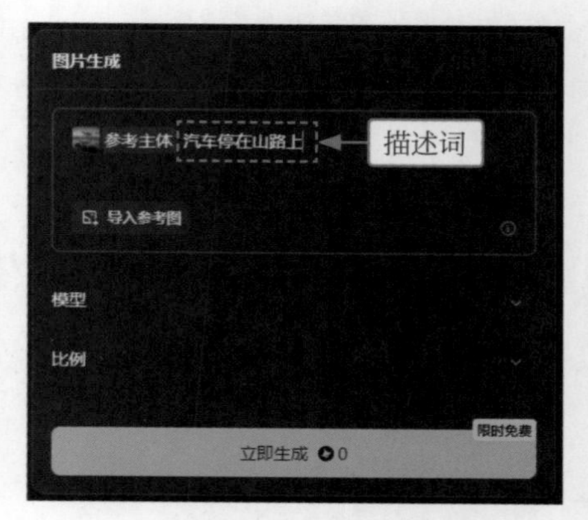

图 3-5 输入描述词

05 单击“立即生成”按钮，即可生成特定的图像，画面中的主体不变，但背景会根据描述词产生改变，效果如图 3-6 所示。

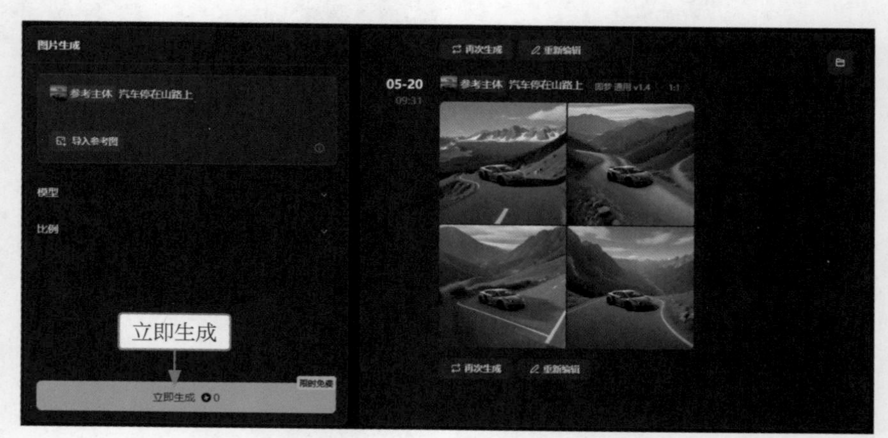

图 3-6 生成特定的图像效果

专家提醒

图生图功能突破了 AI 完全随机生成图像的局限性，为图像创作提供了更多的可能性，进一步增强了即梦在数字艺术创作领域的应用价值。

图生图功能的主要特点如下。

❶ 基于输入的参考图进行图像生成，保留主要的样式和构图。

❷ 支持添加文本描述，指导图像的生成方向，如修改风格、增强细节等。

❸ 通过分步渲染，逐步优化和增强图像细节。

❹ 借助参考图内容，可明显改善和控制生成的图像效果。

❺ 可模拟不同的艺术风格，并通过文本描述进行风格迁移。

3.1.2　参考人物长相以图生图

借助即梦的图生图功能，用户能够以人物长相作为参考对象，根据人物的面部特征生成具有个性化和艺术性的视觉作品，原图与新图对比如图 3-7 所示。

图 3-7　原图与新图对比

下面介绍参考人物长相以图生图的操作方法。

01　进入“图片生成”页面，单击“导入参考图”按钮，弹出“打开”对话框，选择参考图，如图 3-8 所示。

02　单击“打开”按钮，弹出“参考图”对话框，添加相应的参考图，选中“人物长相”单选按钮，系统会自动识别并选中图像中人物的面部，如图 3-9 所示。

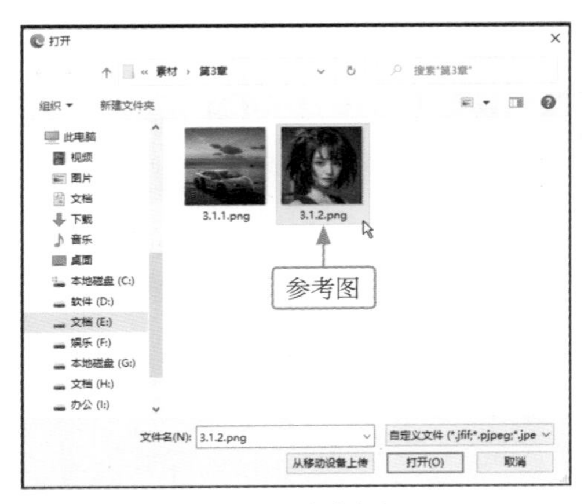

图 3-8　选择参考图

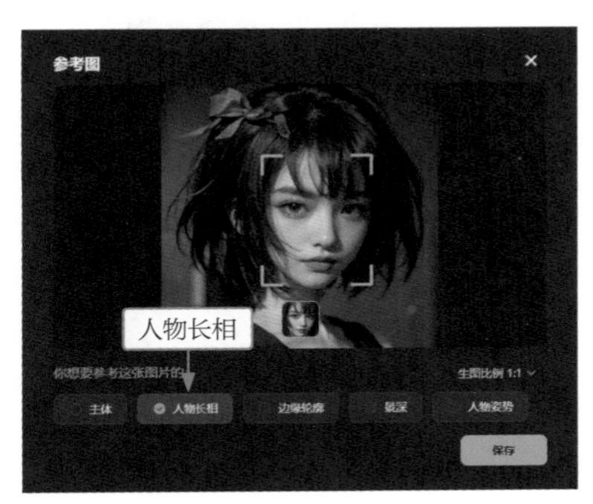

图 3-9　选中“人物长相”单选按钮

专家提醒

AI 识别图像中人物特征的过程是通过一系列高级技术实现的，首先利用面部检测算法定位图像中的人脸，然后通过深度学习模型，如卷积神经网络，提取面部的关键特征，包括眼睛、鼻子、嘴巴的形状和位置，以及情感和表情。

AI 还会进行面部对齐、特征匹配和上下文理解等处理，以提高识别的准确性。随着技术的不断进步和大量的数据训练，AI 在面部识别和特征分析方面变得越来越精准，被广泛应用于从安全监控到社交媒体的多个领域。

03 单击“保存”按钮，即可上传参考图，输入描述词，用于指导 AI 生成特定的图像，如图 3-10 所示。

04 单击“立即生成”按钮，AI 会根据参考图中的人物面部特征生成相应的图像，效果如图 3-11 所示。

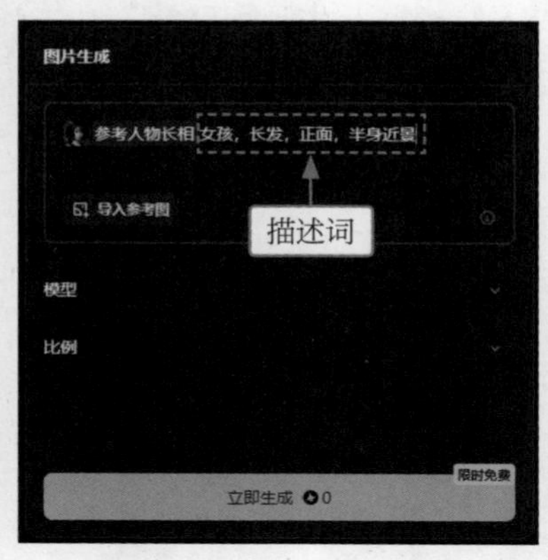

图 3-10 输入描述词

图 3-11 生成相似人物面部特征的图像

3.1.3 参考边缘轮廓以图生图

扫码看视频

借助即梦的图生图功能，用户可以指定图像中特定对象的边缘轮廓作为参考对象，AI 会根据这些轮廓生成新的图像，原图与新图对比如图 3-12 所示。

图 3-12 原图与新图对比

专家提醒

AI 可以识别和提取图像中参考对象的边缘轮廓，主要是通过边缘检测算法来实现的，如 Sobel、Canny 等。Sobel 是一种用于边缘检测的离散微分算法，主要用于估算图像中亮度变化的大小和方向，它通过在空间上对图像进行滤波，以突出图像的边缘部分。Canny 是一种更复杂的边缘检测算法，它能够在保持边缘精确性的同时，有效抑制噪声。

下面介绍参考边缘轮廓以图生图的操作方法。

01 进入“图片生成”页面，单击“导入参考图”按钮，弹出“打开”对话框，选择参考图，如图 3-13 所示。

02　单击“打开”按钮，弹出“参考图”对话框，添加相应的参考图，选中“边缘轮廓”单选按钮，系统会自动检测图像中对象的边缘轮廓，并生成相应的轮廓图，如图 3-14 所示。

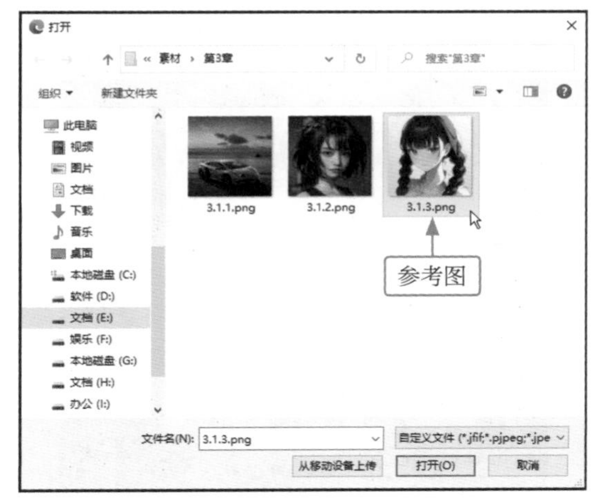

图 3-13　选择参考图

图 3-14　选中“边缘轮廓”单选按钮

03　单击“参考程度”按钮，将其参数设置为 50，可以控制 AI 生成图像时对原始边缘轮廓的依赖程度，如图 3-15 所示。

04　单击“居中裁切”按钮，在弹出的列表框中可以选择新图的裁切方式，包括“居中裁切”和“适应画布”两种选择，这里保持默认即可，如图 3-16 所示。

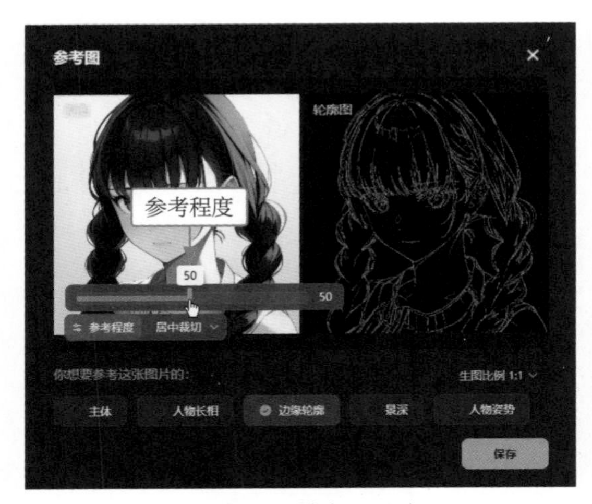

图 3-15　设置“参考程度”参数

图 3-16　选择新图的裁切方式

专家提醒

用户可以通过调整“参考程度”参数，来控制 AI 在生成新图像时对原始轮廓的忠实度。高“参考程度”参数值意味着 AI 将更严格地遵循原始轮廓，而低“参考程度”参数值则给予 AI 更多的自由来创新和调整轮廓。

选择“居中裁切”方式时，AI 会将图像的中心区域作为焦点，根据需要的尺寸进行裁切，去除多余的边缘部分，这适用于需要特定比例或尺寸图像的场景，同时确保图像的主要元素在画面中心；选择“适应画布”方式时，允许用户将图像调整到画布的尺寸，同时尽可能保留全部内容，这种方式通过缩放和可能的裁剪，使图像适应指定的画布，可用于需要填满整个画布或特定尺寸框架的场景。

05 单击“保存”按钮，即可上传参考图，输入描述词，用于指导 AI 生成特定的图像，如图 3-17 所示。

06 单击“立即生成”按钮，AI 会根据参考图中的边缘轮廓特征生成相应的图像，效果如图 3-18 所示。

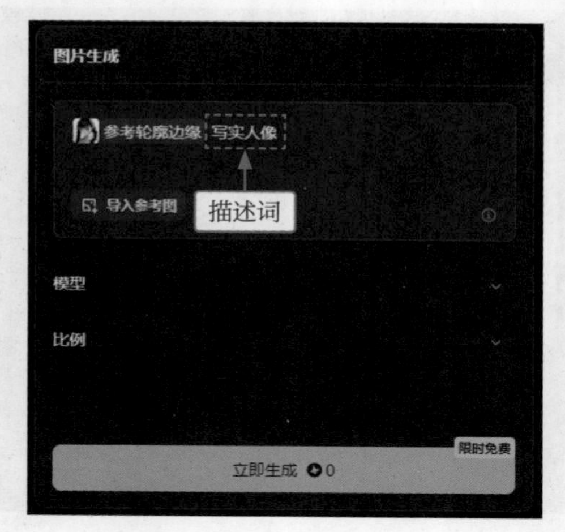

图 3-17　输入描述词

图 3-18　生成相同边缘轮廓特征的图像

3.1.4　参考景深关系以图生图

景深是指在摄影中被摄物体前后的清晰范围，它能够营造出一种深度感，使图像具有三维空间的效果。借助即梦的图生图功能，用户可以利用图像中的景深关系来生成新的图像，原图与新图对比如图 3-19 所示。

扫码看视频

图 3-19　原图与新图对比

专家提醒

在即梦平台中，虽然没有直接的选项设置来控制景深，但可以通过一些描述词来指导 AI 生成具有特定景深效果的图像，如“聚焦主体”“中心聚焦”“背景模糊”“柔和背景”“前景虚化”“模糊前景”“小清晰范围”“大清晰范围”“大光圈效果”“小光圈效果”“增加深度感”“强烈的深度效果”“清晰的前后层次”“细节清晰”等。

下面介绍参考景深关系以图生图的操作方法。

01 进入“图片生成”页面，单击“导入参考图”按钮，弹出“打开”对话框，选择参考图，如图 3-20 所示。

02 单击“打开”按钮，弹出“参考图”对话框，添加参考图，选中“景深”单选按钮，系统会自动识别图像中的深度信息，并生成相应的景深图，如图 3-21 所示。

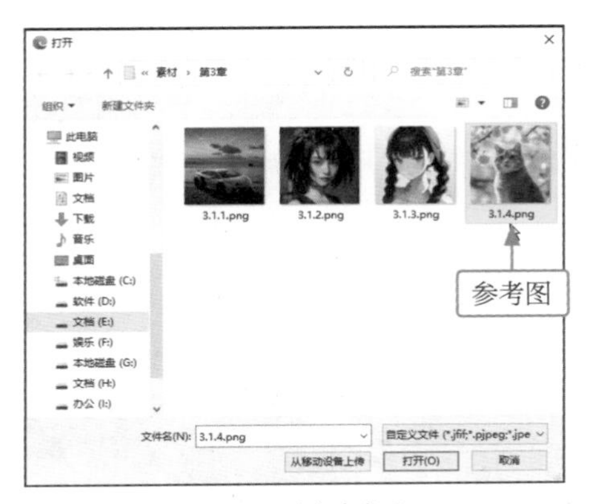

图 3-20　选择参考图

图 3-21　选中“景深”单选按钮

专家提醒

即梦中的景深功能是控制图像结构和光影效果的强大工具，它不仅可以复原画面构图，还能结合具体的描述词实现更加精细和生动的图像表现。

深度图，也被称作距离图，是一种特殊的图像，它记录了场景中每个区域相对于图像采集器的距离。在深度图中，使用 0 ~ 255 的灰度值来表示距离，其中 0 代表场景中最远的点，而 255 代表最近的点。通过这些不同的灰度值，深度图能够呈现出场景的三维距离信息，形成一幅由不同灰阶组成的图像。

03 单击“保存”按钮，即可上传参考图，输入描述词，用于指导 AI 生成特定的图像，如图 3-22 所示。

04 单击“立即生成”按钮，AI 会根据参考图中的景深关系生成相应的图像，同时将场景中的樱花变成了桃花，效果如图 3-23 所示。

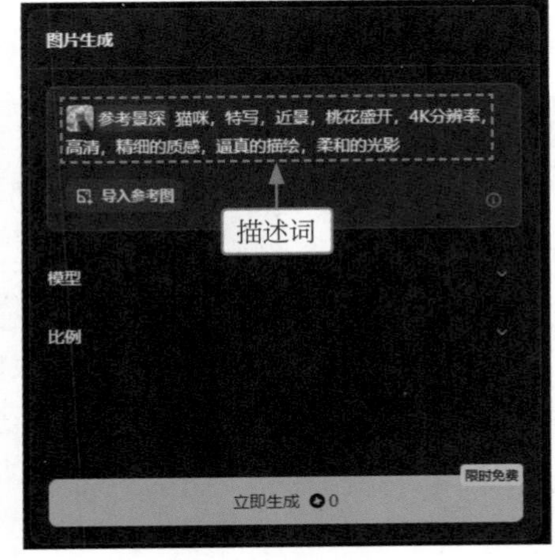

图 3-22　输入描述词

图 3-23　生成景深图像

3.1.5 参考人物姿势以图生图

借助即梦的图生图功能，用户可以参考人物姿势，更好地控制人物的肢体动作和表情特征，原图与新图对比如图 3-24 所示。

图 3-24 原图与新图对比

专家提醒

即梦的参考人物姿势功能主要是基于 OpenPose 模型来实现，它是一种先进的人体姿态估计工具，用于精确捕捉人物的动作和姿态。相较于仅依赖描述词来指导图像生成，OpenPose 模型提供了一种更为直观和有效的方法来控制人物动作，尤其适用于生成具有复杂或夸张动作的图像。

下面介绍参考人物姿势以图生图的操作方法。

01 进入“图片生成”页面，单击“导入参考图”按钮，弹出“打开”对话框，选择参考图，如图 3-25 所示。

02 单击“打开”按钮，弹出“参考图”对话框，添加相应的参考图，选中“人物姿势”单选按钮，AI 自动检测图像中的人物姿态，并生成相应的骨骼图，如图 3-26 所示。

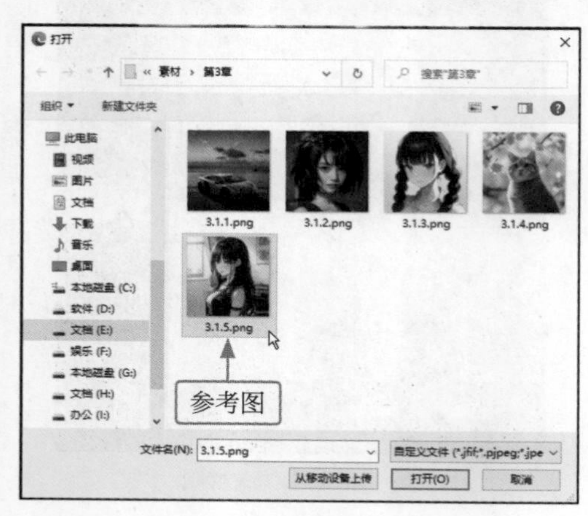

图 3-25 选择参考图

图 3-26 选中“人物姿势”单选按钮

03 单击“保存”按钮，即可上传参考图，输入描述词，用于指导 AI 生成特定的图像，如图 3-27 所示。

04 单击“立即生成”按钮，AI 会根据参考图中的人物姿势生成相应的图像，可以是全新的场景或风格，效果如图 3-28 所示。

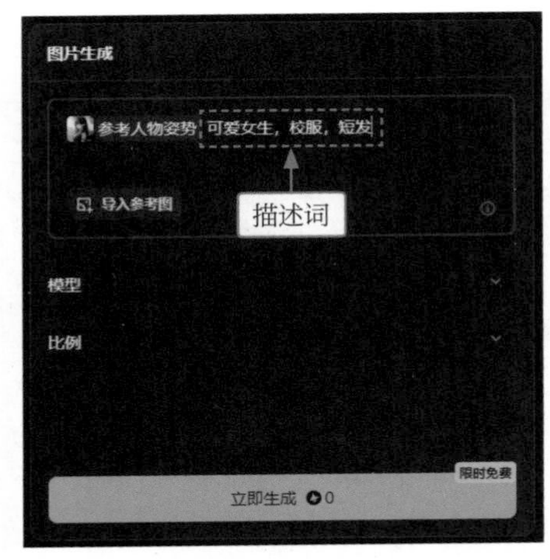

图 3-27　输入描述词

图 3-28　生成相同姿势的图像

3.2　以图生图的效果控制

在即梦的图生图创作过程中，用户可以通过一系列高级功能，精细控制生成的图像效果。

3.2.1　修改图生图参考项

扫码看视频

如果使用图生图功能生成的图像未完全达到预期效果，用户可以修改图生图参考项，AI 将根据新的参考内容重新生成图像，原图与新图对比如图 3-29 所示。

图 3-29　原图与新图对比

下面介绍修改图生图参考项的操作方法。

01 进入“图片生成”页面，单击“导入参考图”按钮，弹出“打开”对话框，选择参考图，如图 3-30 所示。

02 单击“打开”按钮，弹出“参考图”对话框，添加参考图，选中“边缘轮廓”单选按钮，系统会自动检测和提取图像中对象的边缘轮廓，并生成相应的轮廓图，如图 3-31 所示。

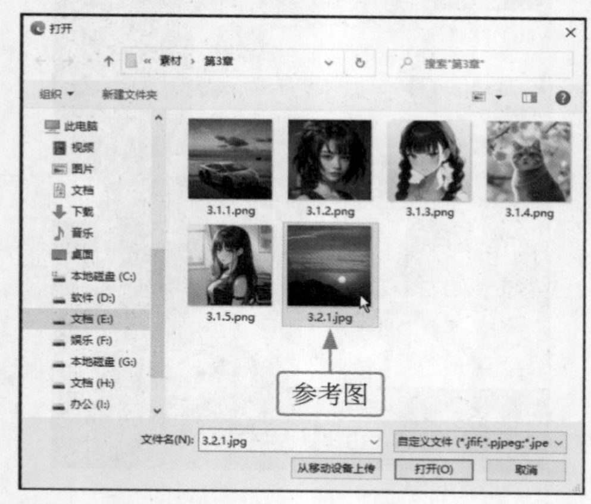

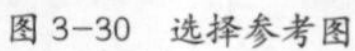
图 3-30　选择参考图

图 3-31　选中“边缘轮廓”单选按钮

03 单击“保存”按钮，即可上传参考图，输入描述词，用于指导 AI 生成特定的图像，如图 3-32 所示。

04 单击“立即生成”按钮，AI 会根据参考图中的边缘轮廓生成相应的图像，效果如图 3-33 所示。

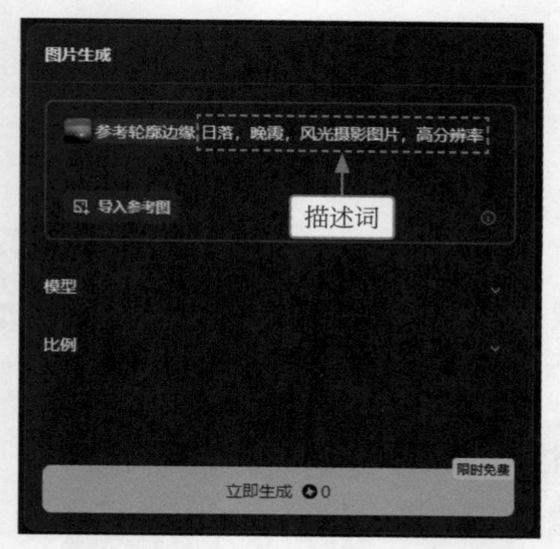

图 3-32　输入描述词

图 3-33　生成相应的图像

专家提醒

轮廓图本质上是一种线稿图，通过即梦的边缘轮廓检测功能，可以非常精准和细致地获取参考图的更多细节内容，包括毛发（头发）、衣服上的花纹、背景树木的细节、房屋的纹理等。通过将上传的参考图转换为轮廓图，可以根据描述词生成与参考图构图一致的新画面。

05 将鼠标指针移至描述词输入框中的“参考轮廓边缘”选项上，在弹出的面板中单击“设置参考项”按钮，如图 3-34 所示。

06 执行操作后，弹出“参考图”对话框，单击“参考程度”按钮，如图 3-35 所示。

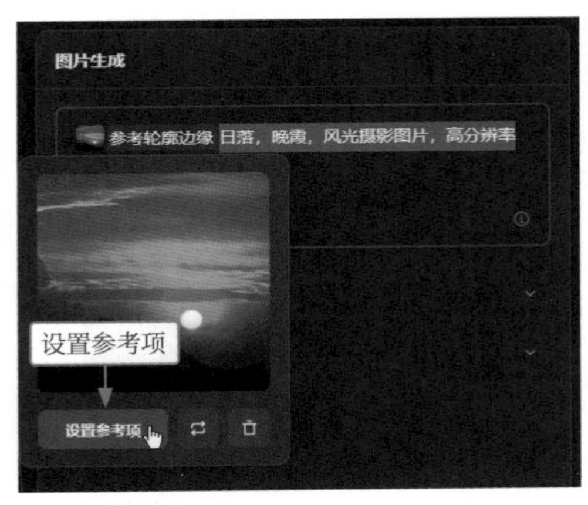

图 3-34　单击“设置参考项”按钮

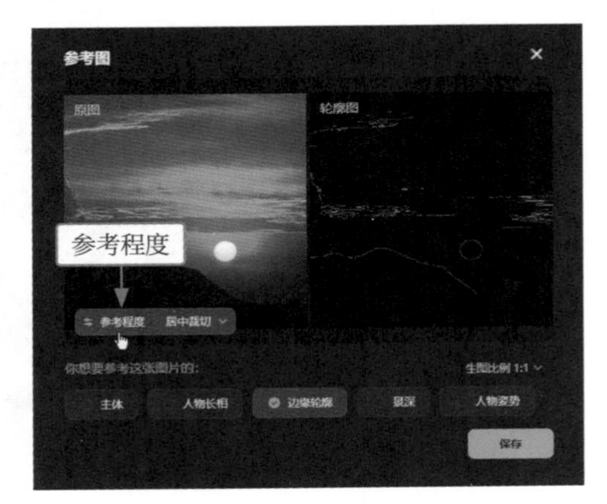

图 3-35　单击“参考程度”按钮

07 执行操作后，设置“参考程度”为 60，适当提升参考图对 AI 生图结果的影响，如图 3-36 所示。

08 依次单击“保存”按钮和“立即生成”按钮，AI 会重新生成与参考图相似度更高的图像，效果如图 3-37 所示。

图 3-36　设置“参考程度”参数

图 3-37　重新生成相似度更高的图像

专家提醒

“参考程度”的设置可以帮助用户在保持整体结构的同时，对细节进行微调，使得生成的图像既保留了原始轮廓的特点，又具有新的视觉效果。在风格转换的场景中，用户可能希望 AI 在保持原始图像边缘轮廓的基础上，对图像内容进行重新诠释，这时“参考程度”就成为一个重要的调节工具。

不同的创作目的可能需要不同程度的轮廓参考。例如，如果用户想得到一个与原图非常相似的图像，可以适当提高“参考程度”参数值；如果用户希望 AI 提供更多的创意空间，则可以适当降低“参考程度”参数值。

3.2.2　设置生图比例

扫码看视频

在“参考图”对话框中，默认使用的是 1:1 的方图比例，如果用户上传的图片不是方图，则可以设置生图比例，以更好地适应和展示图片内容，原图与新图对比如图 3-38 所示。

图 3-38　原图与新图对比

下面介绍设置生图比例的操作方法。

01 进入“图片生成”页面，单击“导入参考图”按钮，弹出“打开”对话框，选择参考图，如图 3-39 所示。

02 单击“打开”按钮，弹出“参考图”对话框，添加参考图，单击“生图比例”按钮，如图 3-40 所示。

图 3-39　选择参考图

图 3-40　单击“生图比例”按钮

专家提醒

当用户上传一张非方形的图片时，可以选择保持原始图片的宽高比，也可以选择自定义比例来适应特定的需求。例如，如果图片是一幅风景画，可以选择横向拉伸以更好地展现宽阔的景色；如果图片是一幅肖像画，则可以选择纵向拉伸以突出人物特征。

在设置生图比例的过程中，用户可以预览设置后的效果，这有助于用户直观地了解不同比例对图片的影响，从而做出更合适的选择。预览功能不仅提高了用户体验，也减少了用户因设置不当而导致的返工问题。

03 执行操作后，弹出“图片比例”面板，选择 3:4 选项，如图 3-41 所示。

04 执行操作后，即可将参考图的生图比例调整为竖图，如图 3-42 所示。

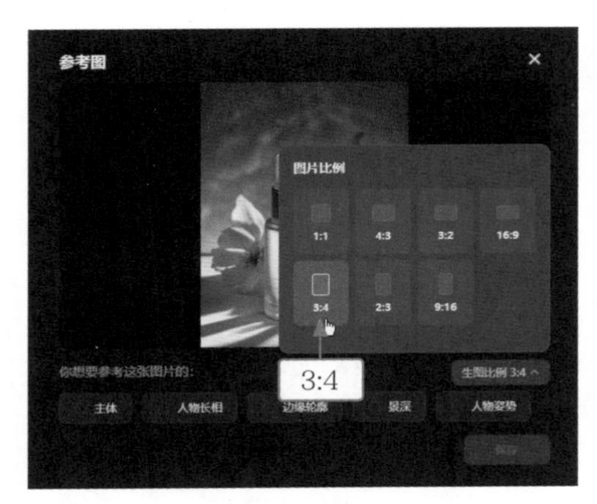

图 3-41　选择 3:4 选项

图 3-42　将生图比例调整为竖图

专家提醒

在“图片比例”面板中，提供了多种预设的比例选项，如常见的 4:3、16:9 等，这些预设选项可以帮助用户快速找到适合的比例，省去手动输入的麻烦。当用户需要将图片用于特定场景或用途时，如打印或在线展示时，预设比例可确保图片在调整大小后仍保持原始的视觉效果。

05 选中“景深”单选按钮，系统会自动识别图像中的深度信息，并生成相应的景深图，如图 3-43 所示。

06 单击“保存”按钮，即可上传参考图，输入描述词，用于指导 AI 生成特定的图像，如图 3-44 所示。

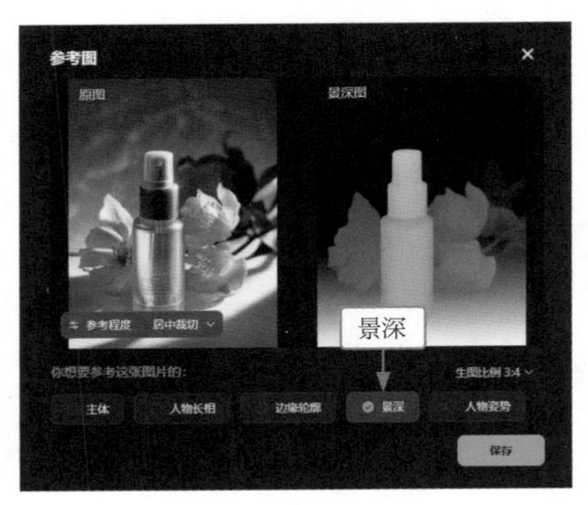

图 3-43　选中“景深”单选按钮

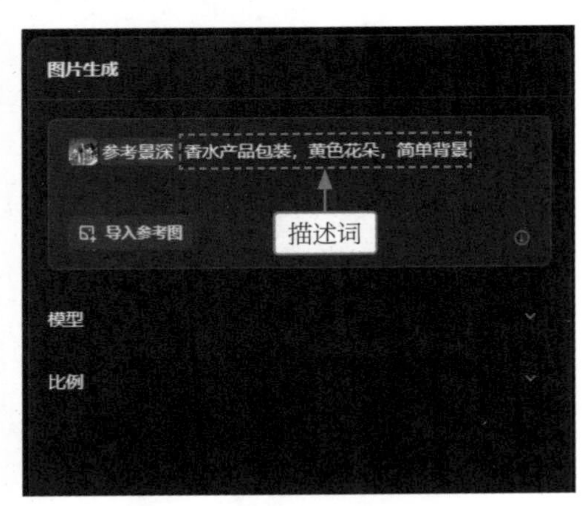

图 3-44　输入描述词

专家提醒

在本书的所有效果图中，所呈现的文字都是由 AI 生成的乱码，并不承载任何实际意义，它们的存在更多是作为一种视觉元素，让图片效果更加真实、自然。建议用户在后期加工中，可以将其替换为自己想要的文字效果。

07 单击“比例”选项右侧的■按钮，展开“比例”选项区，选择 3:4 选项，使 AI 的生图比例与参考图一致，如图 3-45 所示。

08 单击“立即生成”按钮，AI 会根据比例信息生成相应的图像，效果如图 3-46 所示。

图 3-45　选择 3:4 选项

图 3-46　生成相应比例的图像

3.2.3　重绘图像细节

扫码看视频

即梦的“细节重绘”功能可以修复图像中的一些瑕疵，如模糊、像素化或色彩失真等，从而显著提高图像的质量，原图与新图对比如图 3-47 所示。

图 3-47　原图与新图对比

下面介绍重绘图像细节的操作方法。

01 进入“图片生成”页面，单击“导入参考图”按钮，弹出“打开”对话框，选择参考图，如图 3-48 所示。

02 单击“打开”按钮，弹出“参考图”对话框，添加参考图，单击“生图比例”按钮，在弹出的面板中选择 2:3 选项，如图 3-49 所示。

图 3-48　选择参考图

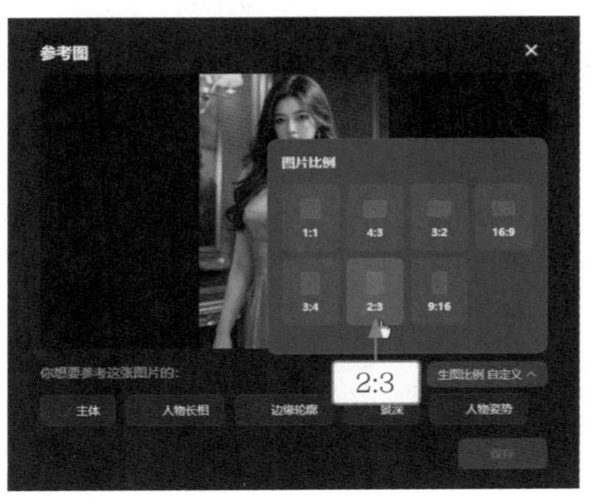

图 3-49　选择 2:3 选项

03 执行操作后，即可将参考图的生图比例调整为竖图，如图 3-50 所示。

04 选中“人物姿势”单选按钮，AI 能够检测图像中的人物姿态，并生成相应的骨骼图，如图 3-51 所示。

图 3-50　将生图比例调整为竖图

图 3-51　选中“人物姿势”单选按钮

专家提醒

“细节重绘”功能是一种先进的图像处理技术，它能够对图像中的细节进行增强和优化，使原本模糊或不易辨认的部分变得更加清晰和生动。

在艺术创作和设计领域中，“细节重绘”功能可以帮助艺术家和设计师在创作过程中更加精细地调整和完善作品的细节。例如，在绘画中加强人物的面部特征、衣物的纹理，或是在设计中提升产品的外观和功能细节。

此外，“细节重绘”功能还可以应用于虚拟现实和增强现实技术，提升用户的视觉体验，使虚拟世界中的物体和场景更加逼真。

05 单击“保存”按钮，即可上传参考图，输入描述词，用于指导 AI 生成特定的图像，如图 3-52 所示。

06 单击“立即生成”按钮，AI 会根据参考图中的人物姿势生成相应的图像，效果如图 3-53 所示。

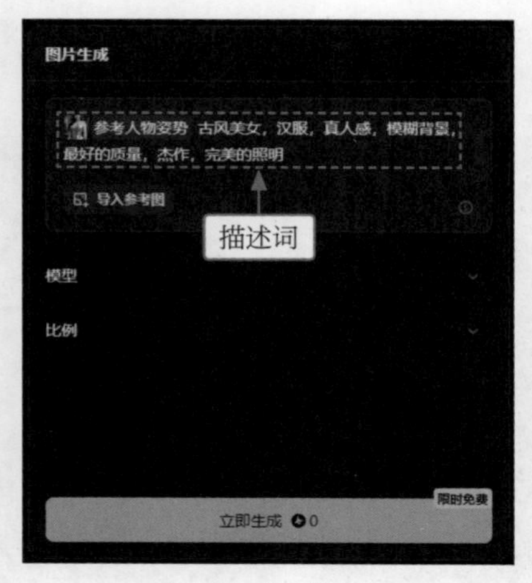

图 3-52 输入描述词

图 3-53 生成重绘图像

专家提醒

需要注意的是，AI 生成的人物图像可能会出现以下瑕疵。

❶ 面部特征不自然：AI 生成的人像可能在面部特征上显得过于平滑或不自然，如眼睛、鼻子或嘴巴的比例和位置可能不符合人类生理特征。

❷ 皮肤纹理缺失：AI 生成的人像可能缺乏真实的皮肤纹理和细节，如毛孔、皱纹和肤色的微妙变化。

❸ 表情僵硬：AI 生成的人像可能在表情上显得僵硬或不自然，难以捕捉到人类表情的微妙变化和情感表达。

❹ 姿态不自然：AI 生成的人像在姿态上可能会显得不自然或不协调，这可能是因为 AI 在理解人体解剖学和运动学方面的限制。

❺ “多肢”现象：AI 生成的人像可能会出现“多手”“多脚”等情况，这是由于 AI 在图像生成过程中的算法错误或数据集偏差导致的。

用户可以尽量使用高质量的模型，以提高 AI 生成人像的真实性和多样性。

07 选择合适的图像，单击下方的“细节重绘”按钮，如图 3-54 所示。

08 执行操作后，即可生成质量更高的图像，效果如图 3-55 所示。

图 3-54 单击“细节重绘”按钮

图 3-55 生成质量更高的图像

3.2.4　生成超清图

扫码看视频

不管是文生图还是图生图，即梦每次都会同时生成 4 张图片，当用户看到比较满意的图片效果后，可以单击“超清图”按钮，一键放大图像，原图与新图对比如图 3-56 所示。

图 3-56　原图与新图对比

下面介绍生成超清图的操作方法。

01　进入“图片生成”页面，单击“导入参考图”按钮，弹出“打开”对话框，选择参考图，如图 3-57 所示。

02　单击“打开”按钮，弹出“参考图”对话框，添加参考图，选中“主体”单选按钮，系统会自动识别并选中图像中的主体对象，如图 3-58 所示。

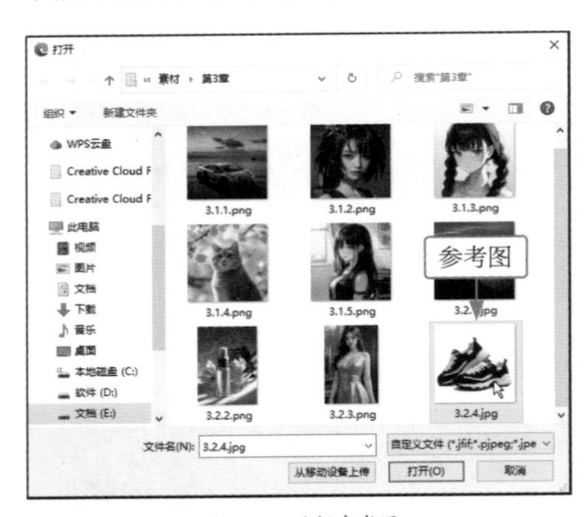

图 3-57　选择参考图

图 3-58　选中“主体”单选按钮

03　在“参考图”对话框的工具栏中，选取画笔工具，如图 3-59 所示。

04　使用画笔工具，在指定的区域绘制蒙版，如图 3-60 所示，在 AI 生图过程中可以确保这些区域得到保护，避免受到任何编辑操作的影响。

专家提醒

画笔工具用于在蒙版上绘制或添加区域，可精细调整蒙版的边缘，以确保局部绘图的精确性。橡皮擦工具用于删除蒙版上的某些区域，从而改变蒙版的大小。用户可以调整这些工具的粗细，以适应不同的编辑需求。

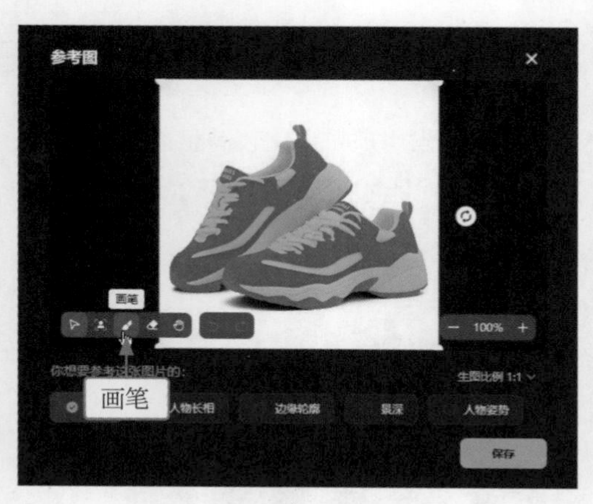

图 3-59 选取画笔工具

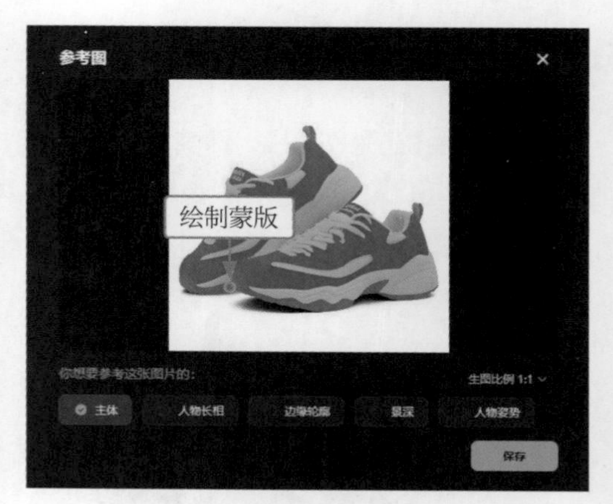

图 3-60 绘制蒙版

05 单击“保存”按钮，即可上传参考图，输入描述词，用于指导 AI 生成特定的图像，如图 3-61 所示。

06 单击“立即生成”按钮，AI 会根据参考图中的主体对象生成相应的图像，效果如图 3-62 所示。

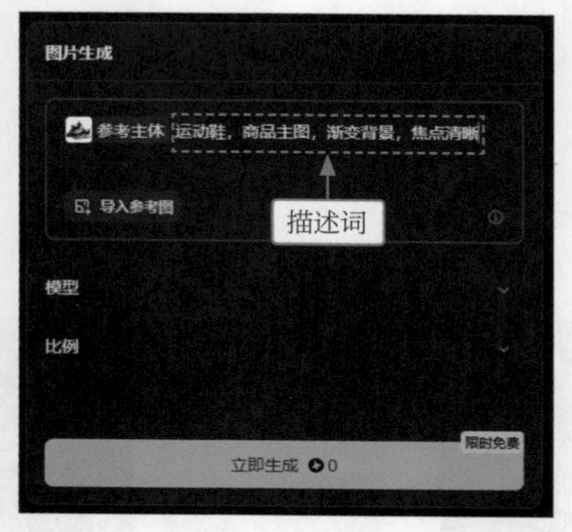

图 3-61 输入描述词

图 3-62 生成相应的图像

07 选择合适的图像，单击下方的“超清图”按钮 HD，如图 3-63 所示。

08 执行操作后，即可生成清晰度更高的图像，效果如图 3-64 所示。

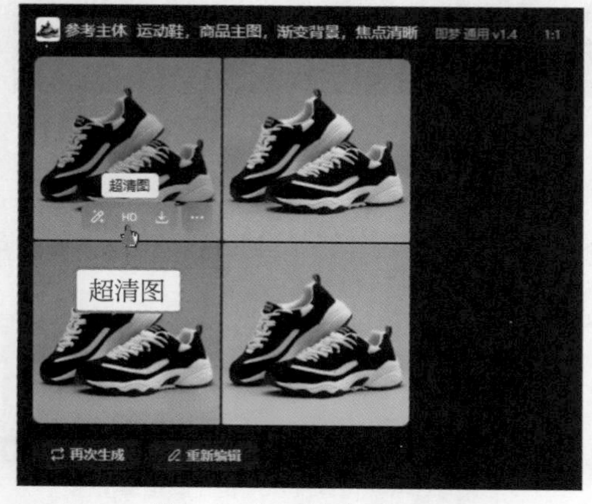

图 3-63 单击“超清图”按钮

图 3-64 生成清晰度更高的图像

专家提醒

HD 通常指的是 High Definition，即高清晰度。这个术语用来描述图像的分辨率，高清晰度的图像提供了更多的细节和更清晰的视觉效果。

具体来说，HD 图像通常指的是以下几种分辨率。

❶ 720p：水平分辨率为 1280 像素，垂直分辨率为 720 像素，p 代表逐行扫描 (progressive scan)。

❷ 1080p：水平分辨率为 1920 像素，垂直分辨率为 1080 像素，也是逐行扫描。

这些分辨率标准通常用于电视、电影、视频游戏和计算机显示器等，以提供更高质量的视觉体验。随着技术的发展，出现了更高的分辨率标准，如 4K、8K 等，它们提供了比 HD 更高的图像清晰度和细节。

以 1:1 的方图为例，即梦生成的图像分辨率为 1024×1024，即宽度和高度均为 1024 像素，如图 3-65 所示。而超清图的分辨率达到了 2048×2048，如图 3-66 所示，也就是说将初次生成的图像放大了两倍，细节会更加清晰。

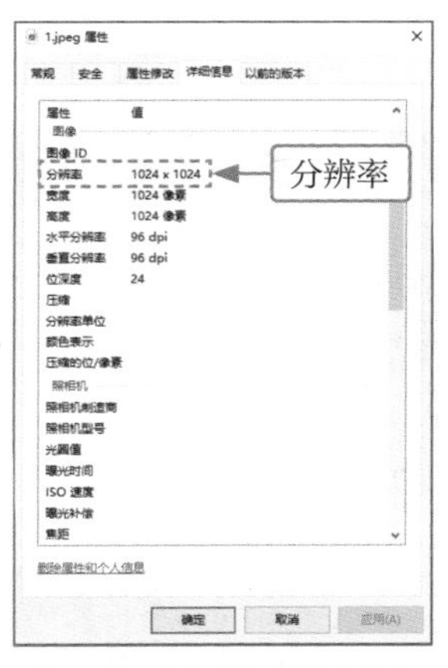

图 3-65　默认效果图的分辨率

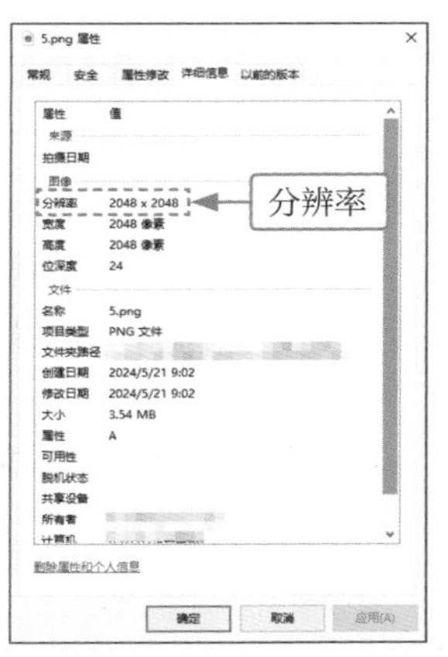

图 3-66　超清图的分辨率

3.2.5　下载效果图

扫码看视频

当用户在即梦平台上制作出满意的图像后，还需要将这些图片保存到本地，原图与新图对比如图 3-67 所示。图片的下载过程非常简便，只需单击“下载”按钮，系统就会将图片以用户选择的格式（如 JPEG、PNG 等）保存到设备上。

下载完成后，用户就可以自由地将这些图片运用于个人项目或分享到社交媒体上，无论是用于打印出版、网站设计、广告宣传，还是个人收藏，这些图片都能以高清晰度和专业的品质满足用户的需求。为了提升用户体验，即梦还提供了批量下载功能，用户可一次性下载多张图片，节省了时间。同时，即梦还会自动将图片保存到云存储服务器中，方便用户随时随地访问和管理。

下面介绍下载效果图的操作方法。

01　进入“图片生成”页面，单击“导入参考图”按钮，弹出“打开”对话框，选择参考图，如图 3-68 所示。

02　单击“打开”按钮，弹出“参考图”对话框，添加参考图，选中“人物长相”单选按钮，系统会自动识别并选中图像中的人物面部，如图 3-69 所示。

图 3-67 原图与新图对比

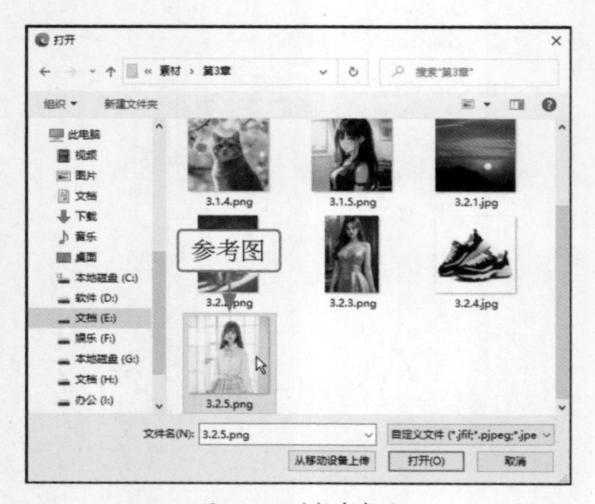

图 3-68 选择参考图

图 3-69 选中"人物长相"单选按钮

03 单击"保存"按钮，即可上传参考图，输入描述词，并选择一个动漫风格的生图模型，如"即梦动漫 v1.1"，用于指导 AI 生成特定内容和画风的图像，如图 3-70 所示。

04 单击"立即生成"按钮，AI 会根据参考图中的人物长相生成相应的图像，效果如图 3-71 所示。

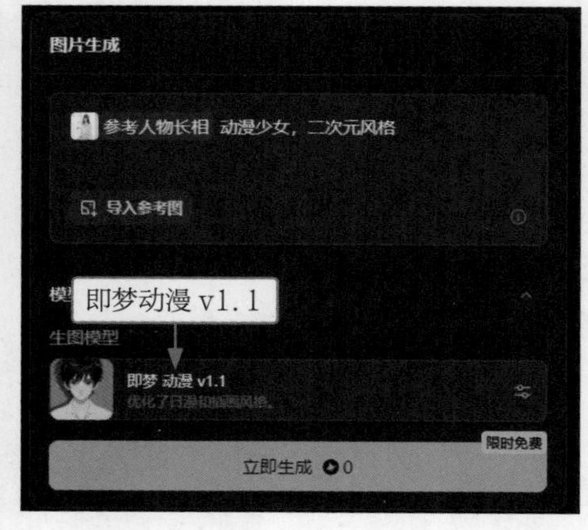

图 3-70 选择动漫风格的生图模型

图 3-71 生成相应的图像

05 选择合适的图像，单击下方的“下载”按钮，即可下载所选的单张图片，如图 3-72 所示。

06 在生成的图像效果右侧，单击按钮，如图 3-73 所示。

图 3-72　单击“下载”按钮

图 3-73　单击保存按钮

07 执行操作后，进入“你的图片”页面，单击右上角的“批量操作”按钮，如图 3-74 所示。

08 选择相应的组图（支持多选），单击“下载”按钮，即可批量下载图像，如图 3-75 所示。

图 3-74　单击“批量操作”按钮

图 3-75　批量下载图像

专家提醒

当用户选择批量下载图像时，系统会自动将所选的图像集合成一个压缩包。压缩文件通常比原始图像文件占用更少的存储空间，这使得下载和传输过程更加高效。另外，将多个图像打包成一个压缩文件，可以简化文件的管理过程，用户无须单独处理每个图像文件。

第 4 章
生图模型：定制即梦的 AI 创作引擎

在 AI 绘画领域中，模型不仅决定了艺术作品的风格和质量，还影响着最终图像的表现力和情感传达。随着即梦平台的不断更新，现在有多种生图模型可供选择，每一种都拥有独特的专长。通过了解不同生图模型的特点，用户能够更加精准地挑选适合自己创意愿景的模型。

4.1　使用即梦通用模型

即梦目前配备了 6 种不同的图像生成模型，这些模型可分为两大类：4 个通用模型和 2 个个性化模型。这些模型各具特色，能够满足不同用户的需求和创作风格。本节将深入介绍即梦的 4 个通用模型，探索它们的独特之处，以及如何有效地利用它们来实现我们的创意构想。

4.1.1　使用即梦通用v1.1模型生图

扫码看视频

即梦的通用 v1.1 模型是其自主研发的一款基础图像生成模型，它为用户进入 AI 绘画世界提供了一个起点。该模型虽然只提供基础功能，但已经能够满足大多数标准图像生成的需求，效果如图 4-1 所示。

图 4-1　效果展示

专家提醒

模型在 AI 绘画中起到至关重要的作用，通过结合模型的绘画能力，可以生成各种各样的图像。AI 生成的图像质量好不好，归根结底要看选择的模型是否合适，因此我们要认真地选择模型去绘图。

模型不同，即使用了完全相同的描述词，生成的图像风格也会存在很大差异。

下面介绍使用即梦通用 v1.1 模型生图的操作方法。

01　进入“图片生成”页面，输入描述词，用于指导 AI 生成特定的图像，如图 4-2 所示。

02　单击“模型”选项右侧的■按钮，展开“模型”选项区，单击下方的默认模型名称，如图 4-3 所示。

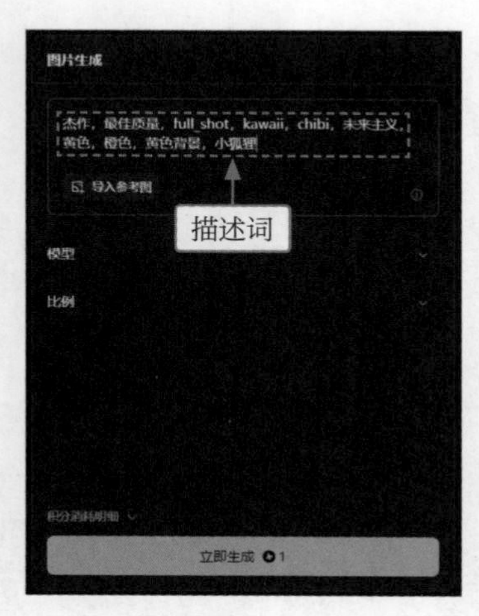

图 4-2　输入描述词

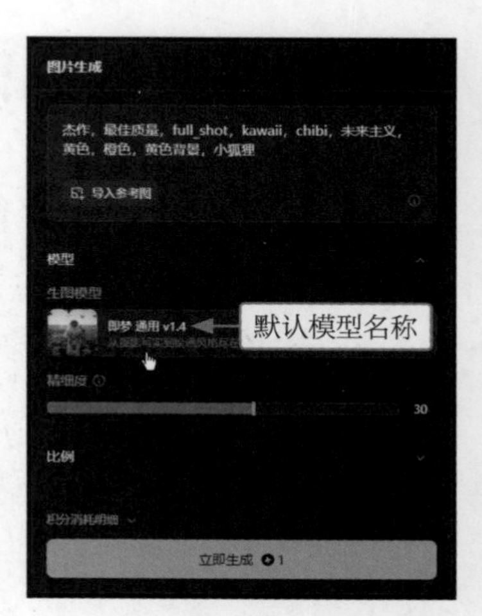

图 4-3　单击默认模型名称

03 执行操作后，在弹出的“生图模型”列表框中，选择“即梦通用 v1.1”模型，如图 4-4 所示。

图 4-4　选择“即梦通用 v1.1”模型

04 执行操作后，即可将“生图模型”设置为“即梦通用 v1.1”，如图 4-5 所示。

05 展开“比例”选项区，选择 3:4 选项，将图像尺寸调整为竖图，如图 4-6 所示。

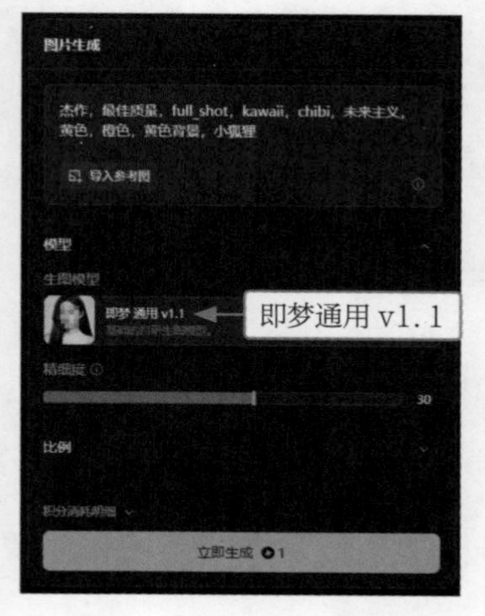

图 4-5　设置“生图模型”选项

图 4-6　选择 3:4 选项

专家提醒

即梦通用 v1.1 是一款基于深度学习技术的模型，其最基本的形式是实现文本到图像的转换。当输入一个文本描述词时，该模型能够快速生成与文本内容相匹配的图像。

06 单击“立即生成”按钮，即可生成相应的图像，效果如图 4-7 所示。

图 4-7　即梦通用 v1.1 模型生成的图像

4.1.2　使用即梦通用v1.2模型生图

扫码看视频

即梦的通用 v1.2 模型进行了针对性的优化，特别增强了对中国元素的表现力，提升了写实场景的渲染质量，并在摄影风格方面进行了显著改进，效果如图 4-8 所示。

图 4-8　效果展示

下面介绍使用即梦通用 v1.2 模型生图的操作方法。

01 进入“图片生成”页面，输入描述词，用于指导 AI 生成特定的图像，如图 4-9 所示。

02 展开“模型”选项区，设置“生图模型”为“即梦通用 v1.2”，如图 4-10 所示。

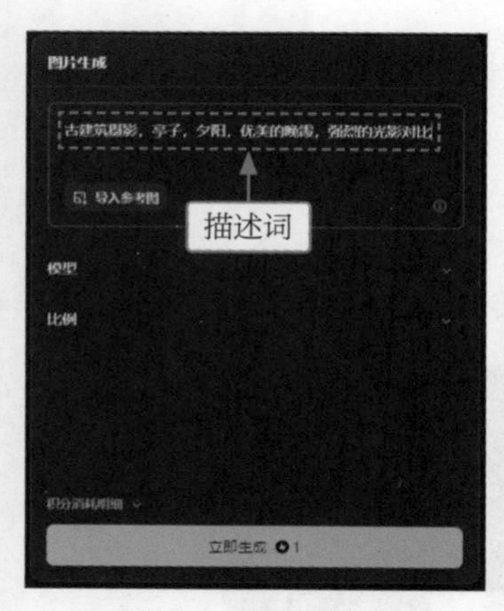

图 4-9　输入描述词

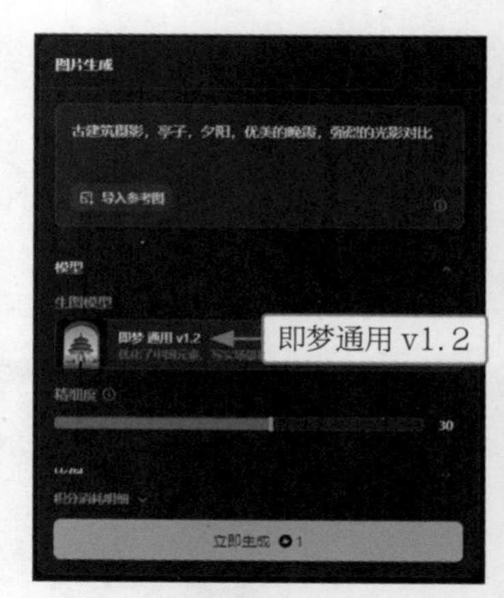

图 4-10　设置“生图模型”选项

03 设置“精细度”为 40，如图 4-11 所示，可以让图像的细节更加丰富和清晰。

04 展开“比例”选项区，选择 3:4 选项，将图像尺寸调整为竖图，如图 4-12 所示。

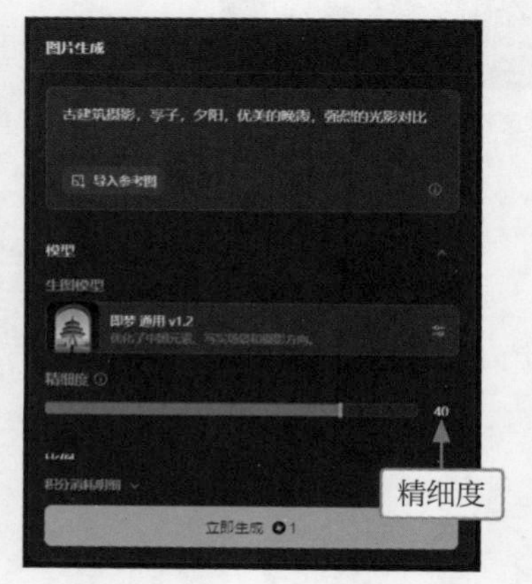

图 4-11　设置“精细度”参数

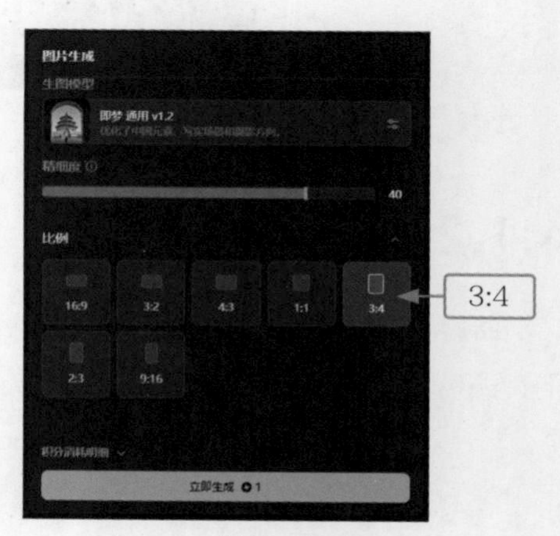

图 4-12　选择 3:4 选项

05 单击“立即生成”按钮，即可生成相应的图像，效果如图 4-13 所示。

图 4-13　即梦通用 v1.2 模型生成的图像

06 单击图像下方的“再次生成”按钮，即可重新生成一组图像，效果如图 4-14 所示。

图 4-14　重新生成一组图像

专家提醒

即梦通用 v1.2 模型通过精细调整算法，显著提高了对中国传统美学元素的捕捉和再现能力，使生成的图像能够更加精准地反映中国风的艺术韵味。

此外，即梦通用 v1.2 模型在生成写实场景方面也有了质的飞跃，无论是细腻的纹理表现，还是光影效果的处理，该模型都能够生成接近真实摄影作品的图像，为用户提供了更为逼真的视觉体验。

4.1.3　使用即梦通用v1.4模型生图

扫码看视频

即梦最新推出的通用 v1.4 模型以其卓越的生成效果赢得了用户的广泛赞誉，该模型在处理各种类型的图像时表现都非常出色，无论是精致的摄影作品，还是风格多样的插画，它都能够精准捕捉并生成高质量的图像，效果如图 4-15 所示。

图 4-15　效果展示

下面介绍使用即梦通用 v1.4 模型生图的操作方法。

01　进入“图片生成”页面，输入描述词，用于指导 AI 生成特定的图像，如图 4-16 所示。

02　展开“模型”选项区，设置“生图模型”为“即梦通用 v1.4”，如图 4-17 所示。

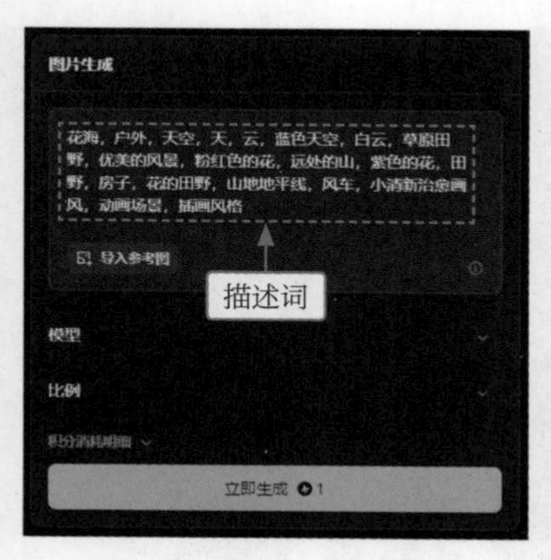

图 4-16　输入描述词

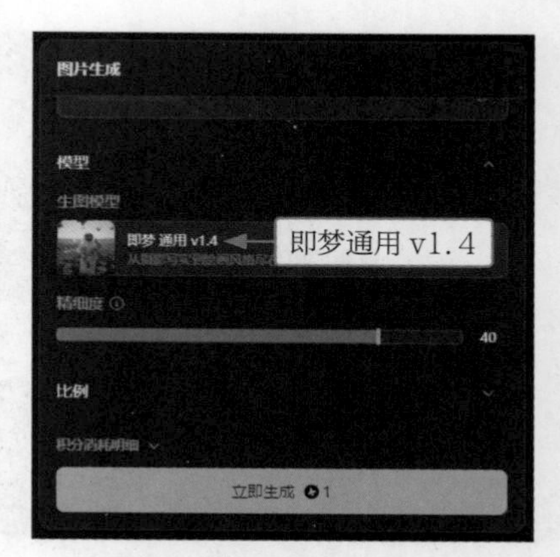

图 4-17　设置“生图模型”选项

03 设置“精细度”为 50，如图 4-18 所示，大幅提升图像的细节表现力。

04 展开“比例”选项区，选择 3:2 选项，将图像尺寸调整为横图，如图 4-19 所示。

图 4-18　设置“精细度”参数

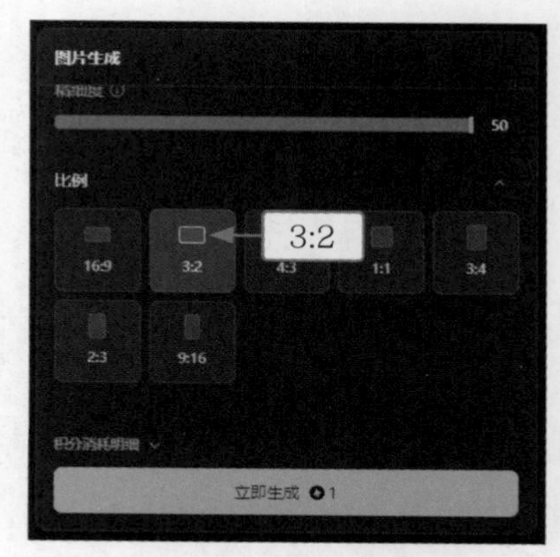

图 4-19　选择 3:2 选项

05 单击“立即生成”按钮，即可生成相应的图像，效果如图 4-20 所示。

图 4-20　即梦通用 v1.4 模型生成的图像

06 选择合适的图像，单击下方的“细节重绘”按钮，如图 4-21 所示。

图 4-21　单击“细节重绘”按钮

07　执行操作后，即可生成质量更高的图像，效果如图 4-22 所示。

图 4-22　生成质量更高的图像

08　单击下方的“超清图”按钮HD，即可生成清晰度更高的图像，效果如图 4-23 所示。

图 4-23　生成清晰度更高的图像

专家提醒

在执行“细节重绘”或“超清图”操作时，生成的图像效果左上角会显示对应的操作名称，便于用户分辨。

4.1.4 使用即梦通用XL模型生图

即梦的通用 XL 模型不仅在图像生成的质量和效果上实现了显著提升，还极大地增强了对专业控制能力的支持，特别适合追求更精细化控制和更高艺术表现力的用户群体。即梦通用 XL 模型通过引入更高级的算法和更强大的计算能力，极大地增强了生图效果，为用户提供了更为丰富和逼真的视觉体验，效果如图 4-24 所示。

扫码看视频

图 4-24 效果展示

下面介绍使用即梦通用 XL 模型生图的操作方法。

01 进入“图片生成”页面，单击“导入参考图”按钮，弹出“打开”对话框，选择参考图，如图 4-25 所示。

02 单击“打开”按钮，弹出“参考图”对话框，添加相应的参考图，单击“生图比例”按钮，如图 4-26 所示。

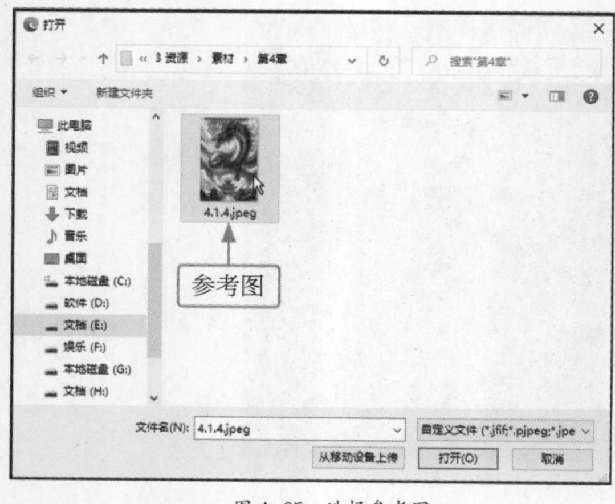

图 4-25 选择参考图

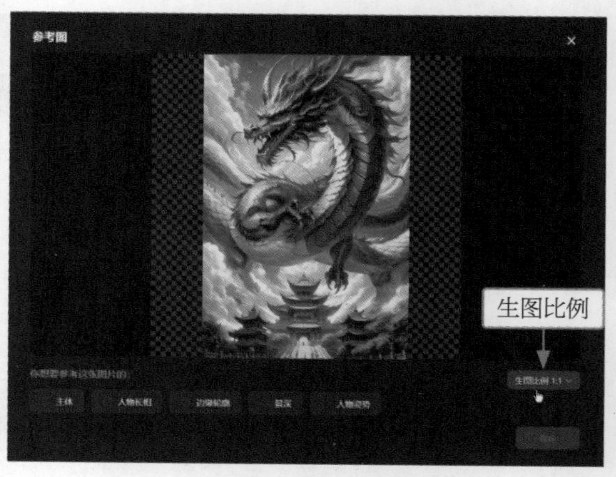

图 4-26 单击“生图比例”按钮

03 执行操作后，弹出“图片比例”面板，选择 2:3 选项，如图 4-27 所示，即可将参考图的生图比例调整为竖图。

04 选中“边缘轮廓”单选按钮，系统会自动检测图像中对象的边缘轮廓，并生成相应的轮廓图，如图 4-28 所示。

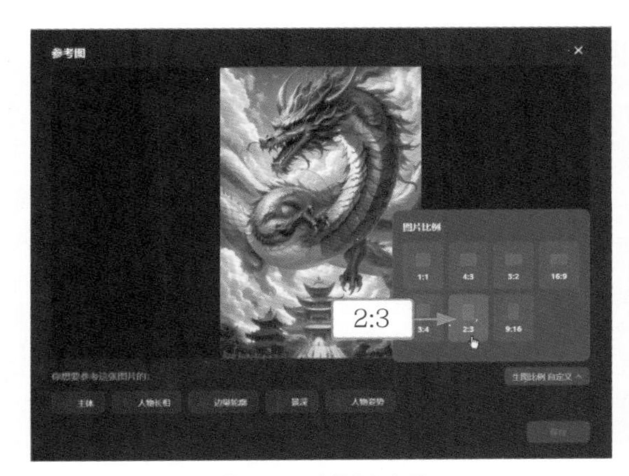

图 4-27　选择 2:3 选项

图 4-28　选中“边缘轮廓”单选按钮

05 单击“保存”按钮，即可上传参考图，输入描述词，用于指导 AI 生成特定的图像，如图 4-29 所示。

06 展开“模型”选项区，设置“生图模型”为“即梦通用 XL”，如图 4-30 所示。

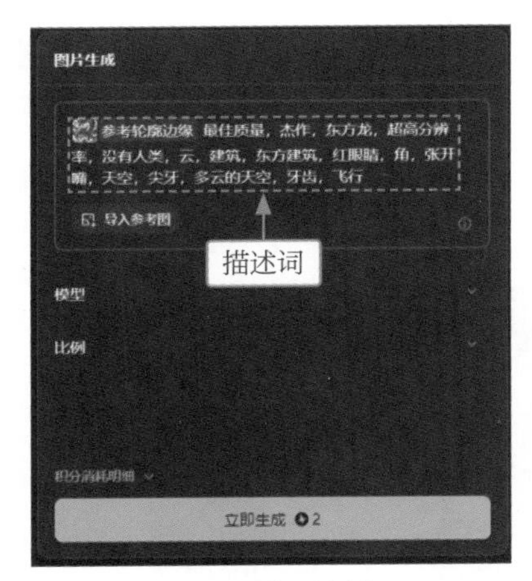

图 4-29　输入描述词

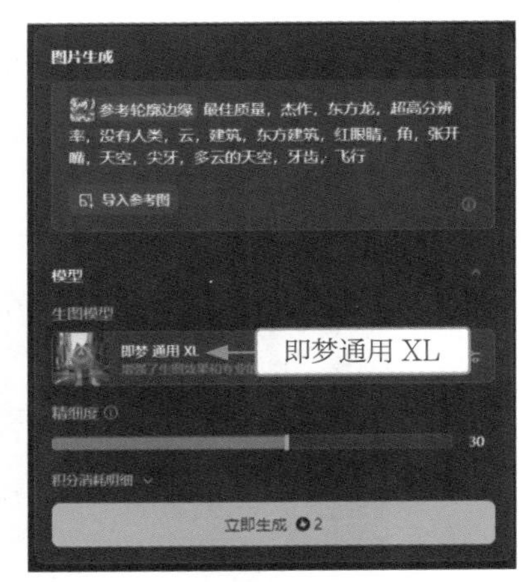

图 4-30　设置“生图模型”选项

07 单击“立即生成”按钮，AI 会根据参考图中的边缘轮廓特征生成相应的图像，效果如图 4-31 所示。

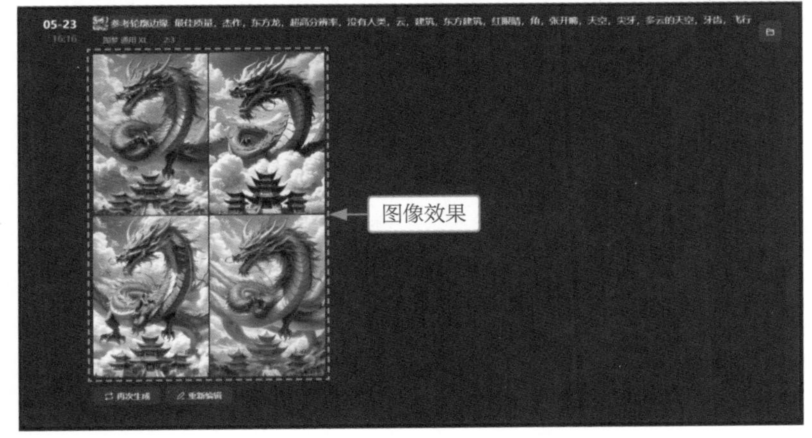

图 4-31　即梦通用 XL 模型生成的图像

4.2 使用即梦个性化模型

除了通用模型，即梦还提供了 2 个个性化模型，它们可以根据用户的特定需求和偏好进行定制和优化。这些模型的学习过程涉及大量的用户数据和反馈，使得生成的图像更加贴近用户的个人风格和创作意图。

本节将进一步探讨，如何根据具体的项目需求选择和使用个性化的 AI 生图模型，以及如何通过它们来激发创作者的创意思维，绘制出令人惊叹的艺术作品。

4.2.1 使用即梦风格化XL模型生图

扫码看视频

即梦的风格化 XL 模型特别针对非写实风格进行了优化，使 AI 能够更深刻地理解和表现各种艺术风格，这一改进极大地拓宽了 AI 绘画的应用范围，为用户提供了更为丰富和多元的创作可能性。

即梦风格化 XL 模型不再局限于传统的写实绘画，而是能够捕捉和再现从抽象表现主义到超现实主义等多种艺术风格的独特魅力，效果如图 4-32 所示。

图 4-32 效果展示

通过先进的算法和大量的艺术作品训练，即梦风格化 XL 模型能够识别并应用复杂的色彩搭配、线条运用和构图技巧，从而创造出具有艺术感的作品。无论是模仿梵高的星夜风格，还是创造出未来派的抽象图案，风格化 XL 模型都能够根据用户的创意指令，生成令人赞叹的视觉艺术作品。

下面介绍使用即梦风格化 XL 模型生图的操作方法。

01 进入“图片生成”页面，单击“导入参考图”按钮，弹出“打开”对话框，选择参考图，如图 4-33 所示。

02 单击“打开”按钮，弹出“参考图”对话框，添加相应的参考图，单击“生图比例”按钮，如图 4-34 所示。

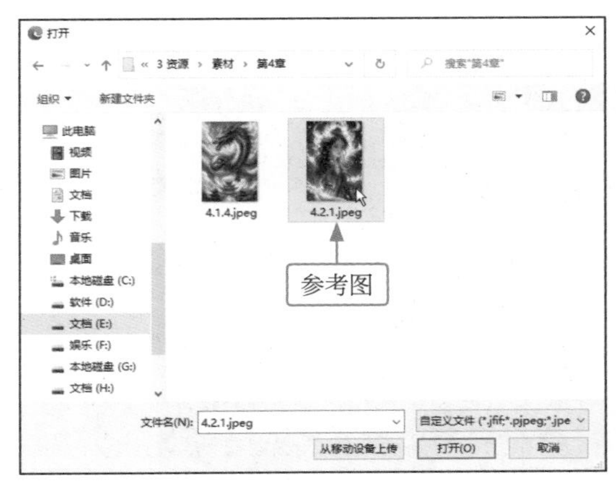

图 4-33　选择参考图

图 4-34　单击“生图比例”按钮

03 执行操作后，弹出“图片比例”面板，选择 2:3 选项，如图 4-35 所示，即可将参考图的生图比例调整为竖图。

04 选中“景深”单选按钮，系统会自动识别图像中的深度信息，并生成相应的景深图，如图 4-36 所示。

图 4-35　选择 2:3 选项

图 4-36　选中“景深”单选按钮

05 单击“保存”按钮，即可上传参考图，输入描述词，用于指导 AI 生成特定的图像，如图 4-37 所示。

06 展开“模型”选项区，设置“生图模型”为“即梦风格化 XL”，如图 4-38 所示。

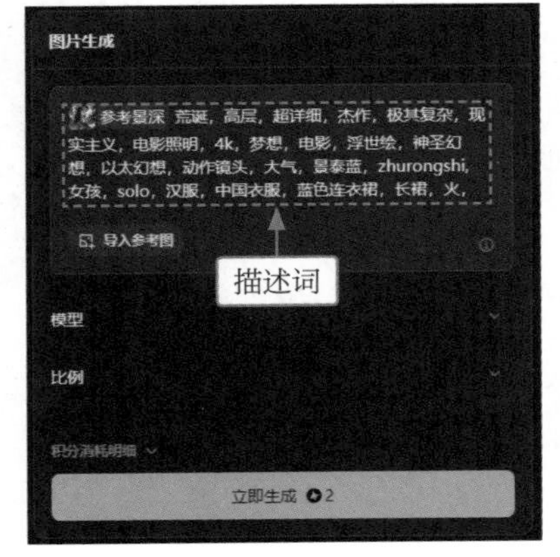

图 4-37　输入描述词

图 4-38　设置“生图模型”选项

07 单击“立即生成”按钮，AI 会根据参考图中的景深关系生成相应的图像，效果如图 4-39 所示。

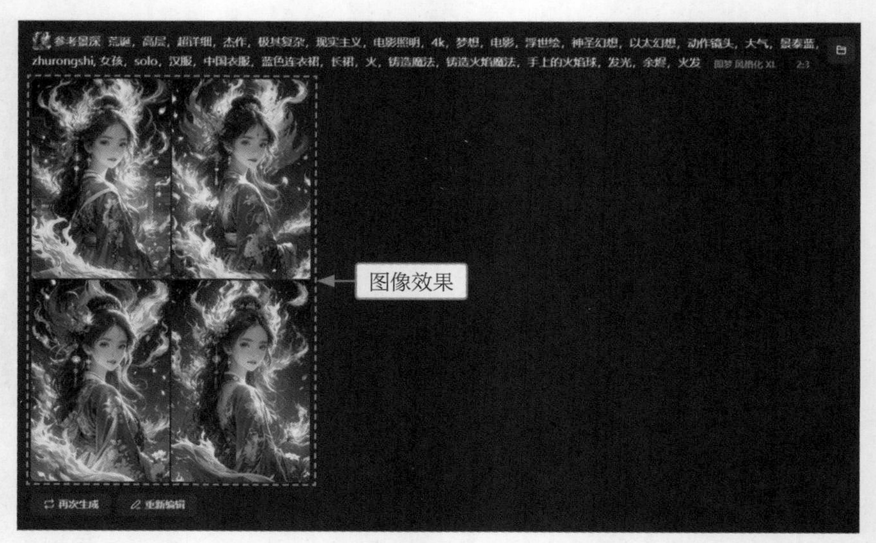

图 4-39 即梦风格化 XL 模型生成的图像

4.2.2 使用即梦动漫v1.1模型生图

扫码看视频

即梦动漫 v1.1 模型专门针对日漫和插画风格进行了细致的调整，以更好地捕捉和再现这些风格的特点。在生成动漫角色、场景和插画作品时，该模型能够更加精准地表现图片中的视觉元素和艺术魅力。

即梦动漫 v1.1 模型能够根据用户的文本描述生成各种风格的动漫角色，从经典的日漫风格到现代流行的插画元素，都能轻松呈现，效果如图 4-40 所示。

图 4-40 效果展示

下面介绍使用即梦动漫 v1.1 模型生图的操作方法。

01 进入“图片生成”页面，输入描述词，用于指导 AI 生成特定的图像，如图 4-41 所示。

02 展开“模型”选项区，设置“生图模型”为“即梦动漫 v1.1”，如图 4-42 所示。

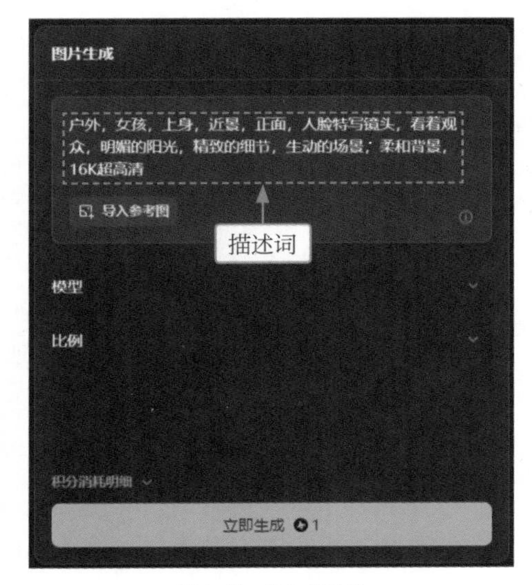

图 4-41　输入描述词

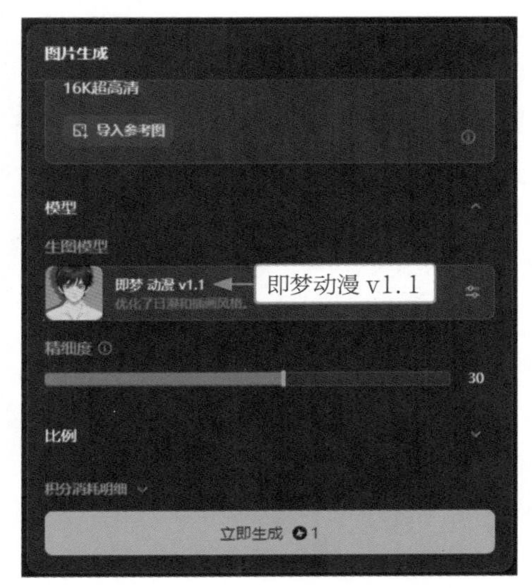

图 4-42　设置“生图模型”选项

03 设置“精细度”为 35，如图 4-43 所示，可以让图像的细节更加丰富和清晰。

04 单击“立即生成”按钮，即可生成相应的图像，效果如图 4-44 所示。

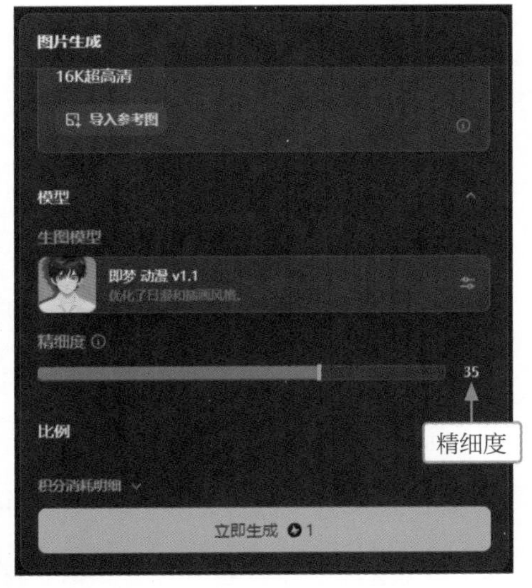

图 4-43　设置“精细度”参数

图 4-44　即梦动漫 v1.1 模型生成的图像

第 5 章
智能画布：AI 交互式图像编辑的创新应用

智能画布，超越了即梦平台上单一编辑工具的范畴，它革新性地构筑了新的创作平台，赋予用户前所未有的能力，以独特而丰富的方式进行视觉表达。通过 AI 的辅助，智能画布功能可以提供直观的交互体验，并实现精准的图像编辑，从而极大地提升用户的创作效率和作品质量。

5.1　创建智能画布项目

智能画布类似于 Photoshop 中的图层，但它通过 AI 技术增强了用户的编辑体验。在传统的图像编辑软件中，图层是构成图像的基础元素，用户可以在不同的图层上独立操作，从而实现复杂的图像合成和效果叠加。

智能画布在图层功能的基础上引入了 AI 的文生图和图生图等一系列强大功能，使得图像编辑更加直观和高效。本节主要介绍在即梦平台上创建智能画布项目的操作方法，为图像编辑和创意表达带来更多的可能性。

5.1.1　创建文生图智能画布项目

扫码看视频

通过智能画布中的文生图功能，用户可以使用简单的文案实现创意图片，效果如图 5-1 所示。

图 5-1　效果展示

下面介绍创建文生图智能画布项目的操作方法。

01　进入即梦官网首页，在“AI 作图”选项区中，单击“智能画布”按钮，如图 5-2 所示。

图 5-2　单击“智能画布”按钮

02 执行操作后，即可新建一个智能画布项目，单击左侧的“文生图”按钮，如图 5-3 所示。

图 5-3　单击“文生图”按钮

03 执行操作后，展开“新建文生图”面板，输入描述词，用于指导 AI 生成特定的图像，如图 5-4 所示。

图 5-4　输入描述词

04 单击“立即生成”按钮，即可在空白画布中生成相应的图像，同时自动生成“图层 1”图层，效果如图 5-5 所示。

图 5-5　生成相应的图像和图层

05 在“图层 1”图层中，可以看到 AI 同时生成了 4 张图片，选择相应的图片，如选择第 3 张图片，可以切换画布上显示的图像效果，如图 5-6 所示。

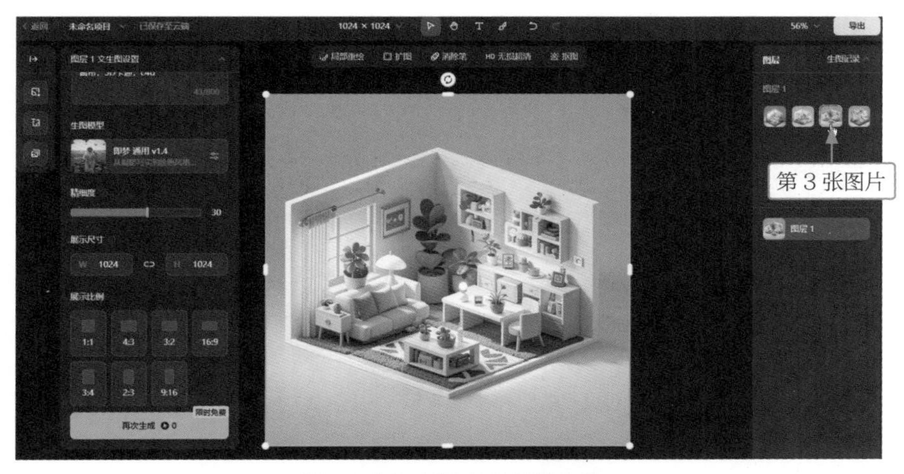

图 5-6　切换画布上显示的图像效果

5.1.2　创建图生图智能画布项目

扫码看视频

通过智能画布中的图生图功能，用户可以使用主体、轮廓边缘等功能来控制 AI 的生图效果，原图与新图对比如图 5-7 所示。

图 5-7　原图与新图对比

下面介绍创建图生图智能画布项目的操作方法。

01　进入即梦官网首页，在左侧导航栏的“AI 创作”菜单中单击“智能画布”链接，如图 5-8 所示。

02　执行操作后，即可新建一个智能画布项目，单击左侧的“上传图片”按钮，如图 5-9 所示。

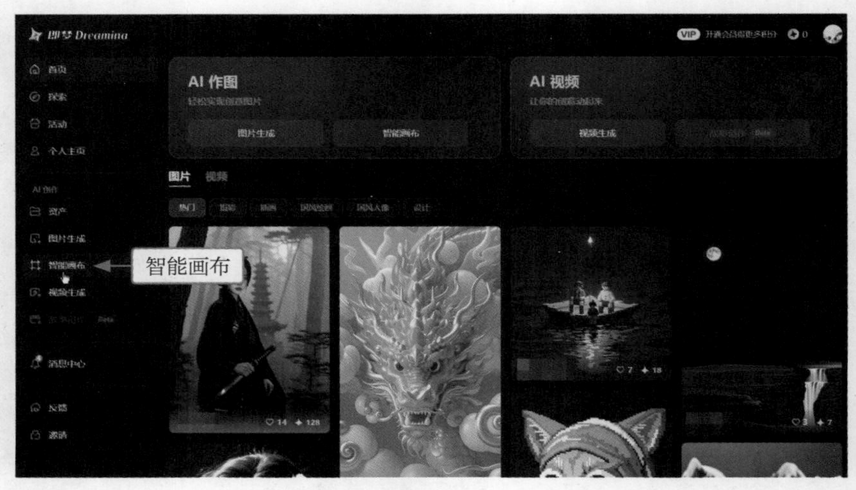

图 5-8 单击“智能画布”链接

图 5-9 单击“上传图片”按钮

03 执行操作后，弹出“打开”对话框，选择参考图，如图 5-10 所示。

04 单击“打开”按钮，即可上传参考图，如图 5-11 所示。

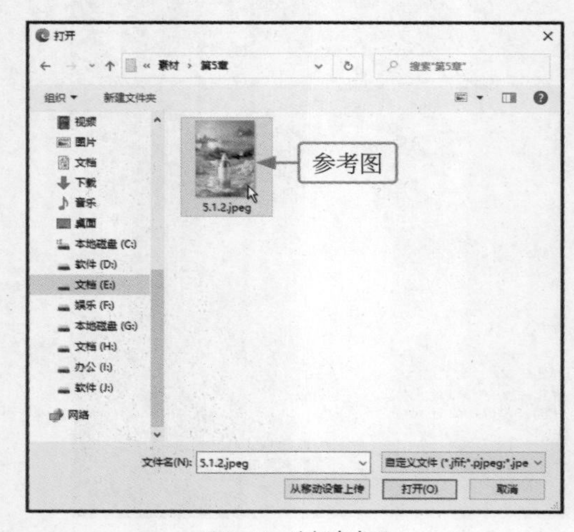

图 5-10 选择参考图

图 5-11 上传参考图

05 单击上方的分辨率参数(1024 × 1024)，弹出“画板调节”面板，在“画板比例”选项区中选择3:4选项，如图5-12所示。

06 单击“应用”按钮，即可将画板比例调整为与图像尺寸一致，同时适当调整图像的位置，使其铺满整个画布，如图 5-13 所示。

图 5-12　选择 3:4 选项

图 5-13　调整图像的尺寸和位置

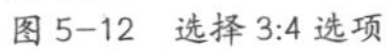

07 在左侧的“新建”选项区中，单击“图生图”按钮，如图 5-14 所示。

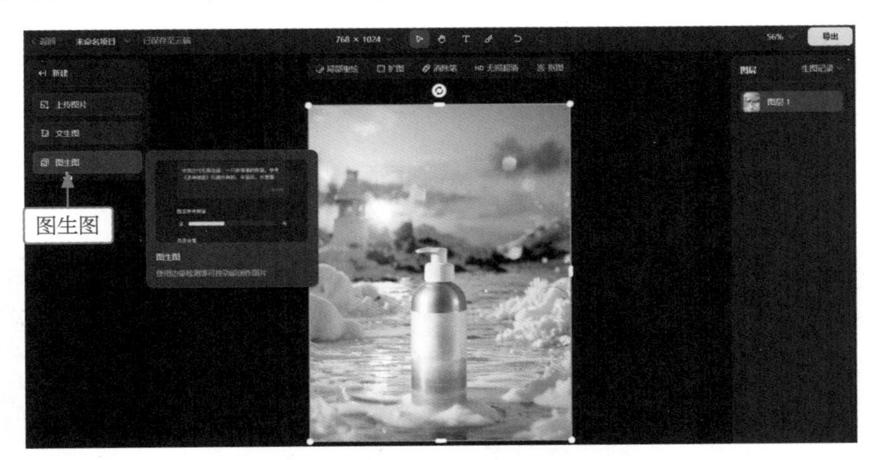

图 5-14　单击“图生图”按钮

08 执行操作后，展开“新建图生图”面板，输入描述词，用于指导 AI 生成特定的图像，如图 5-15 所示。

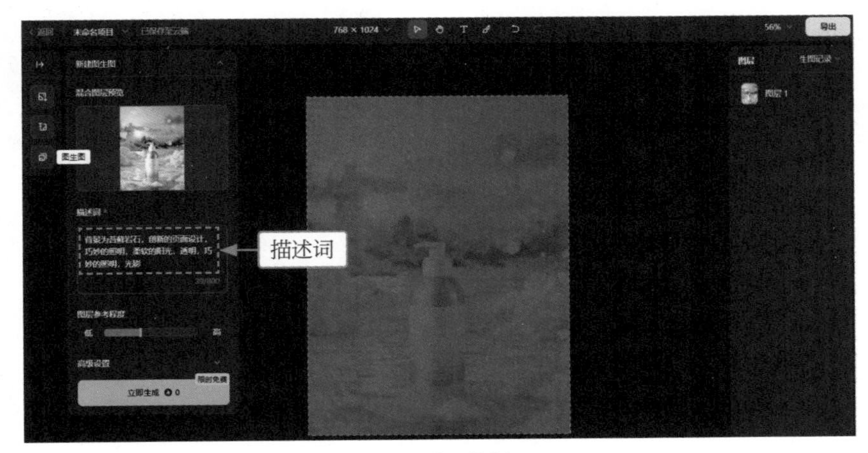

图 5-15　输入描述词

09 展开“高级设置”选项区，选中“主体”单选按钮，如图 5-16 所示，系统会自动识别图像中的主体对象。

10 单击“立即生成”按钮，即可生成相应的图像，同时生成了“图层 2”图层，并保持参考图中的主体样式不变，效果如图 5-17 所示。

图 5-16　选中“主体”单选按钮

图 5-17　生成图像和图层

11 在“图层 2”图层中，可以看到 AI 同时生成了 4 张图片，选择相应的图片，如选择第 3 张图片，可以切换画布上显示的图像效果，如图 5-18 所示。

12 在预览图上单击鼠标右键，在弹出的快捷菜单中选择“保存为图片”命令，即可保存“图层 2”图层中的图像效果，如图 5-19 所示。

图 5-18　切换画布上显示的图像效果

图 5-19　选择“保存为图片”命令

5.2　编辑智能画布项目

图层是图像编辑软件中一项基础且核心的功能，它允许用户将一张图片分解成多个独立的部分或元素，每个部分或元素都作为一个单独的图层存在。在数字图像处理过程中，图层的概念类似于传统绘画中的透明纸或玻璃板，每张透明纸上都有不同的画面元素，叠加在一起形成完整的画作。

与 Photoshop 中的图层相似，智能画布上的每一个元素都可以被视为一个独立的图层，这些图层可以独立编辑，而不会影响其他图层的内容。本节主要介绍编辑智能画布项目的相关技巧，如调整图层顺序，复制与粘贴图层，隐藏与删除图层等。

5.2.1　调整图层顺序

通过调整图层顺序，我们可以控制不同视觉元素的前后关系和相互之间的叠加效果。这就像是在一个舞台上调整演员的站位，以确保每个角色都能在恰当的时刻获得观众的注意。

调整图层顺序，不仅是一种技术性的操作，更是一种艺术表达，它考验我们对图像结构的理解深度，以及对视觉层次感的敏锐捕捉能力。通过改变图层的堆叠顺序，可以优化图像编辑流程，还能创造出丰富而精细的视觉效果，如图 5-20 所示。

图 5-20　效果展示

下面介绍调整图层顺序的操作方法。

01　新建一个智能画布项目，单击左侧的“上传图片”按钮，如图 5-21 所示。

02　执行操作后，弹出“打开”对话框，选择图片素材，如图 5-22 所示。

图 5-21　单击“上传图片”按钮

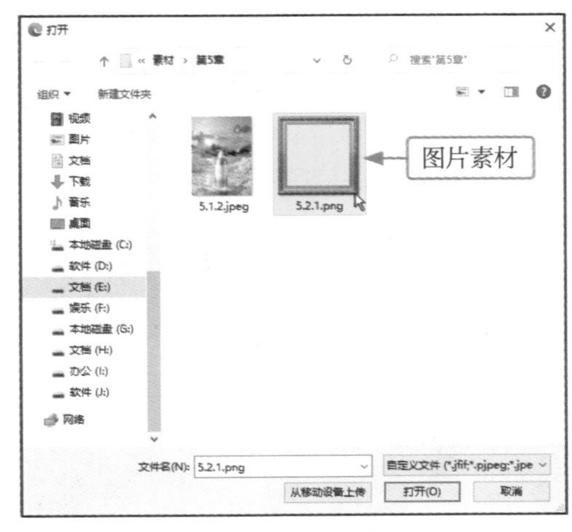

图 5-22　选择图片素材

03　单击“打开”按钮，即可将图片素材添加到画布上，同时“图层”面板中会生成“图层 1”图层，如图 5-23 所示。

04　单击左侧的“文生图”按钮，如图 5-24 所示。

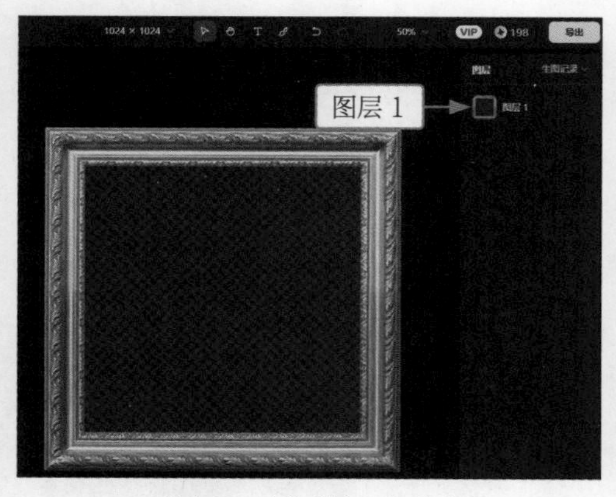

图 5-23　生成“图层 1”图层

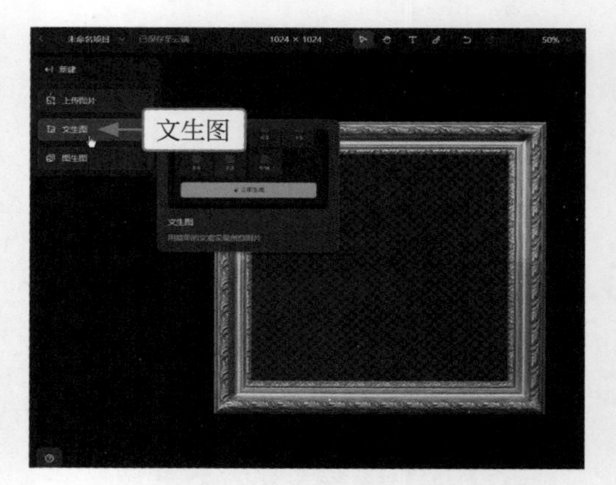

图 5-24　单击“文生图”按钮

05 执行操作后，展开“新建文生图”面板，输入描述词，用于指导 AI 生成特定的图像，如图 5-25 所示。

06 设置“精细度”为 40，如图 5-26 所示，提升 AI 绘画的细节表现力。

图 5-25　输入描述词

图 5-26　设置“精细度”参数

07 单击“立即生成”按钮，即可生成相应的图像，效果如图 5-27 所示。

08 在“图层”面板中，选择刚才生成的“图层 2”图层，单击鼠标右键，在弹出的快捷菜单中选择“图层顺序”|“下移一层”命令，如图 5-28 所示。

图 5-27　生成相应的图像

图 5-28　选择“下移一层”命令

09　执行操作后，即可将“图层 2”图层下移一层，调整图层顺序，也会同时改变图像效果，如图 5-29 所示。

10　在“图层 2”图层中，可以看到 AI 同时生成了 4 张图片，选择相应的图片，如选择第 2 张图片，可以切换画布上显示的图像效果，如图 5-30 所示。

图 5-29　调整图层顺序

图 5-30　切换画布上显示的图像

5.2.2　复制与粘贴图层

扫码看视频

在编辑图像时，复制与粘贴图层是一些基本但极其重要的操作。利用即梦的智能画布功能，用户可以轻松地复制图层内容，并在不同位置中重复使用。

掌握图层的复制、粘贴等技巧，是提升工作效率和创造性表达的关键，它们不仅能够帮助用户保留原始创意，还能激发新的设计灵感。下面将介绍如何有效地使用这些基本的图层操作方法来优化工作流程，以及如何将它们融合到创意过程中，以创造出更加丰富和多样化的视觉作品，效果如图 5-31 所示。

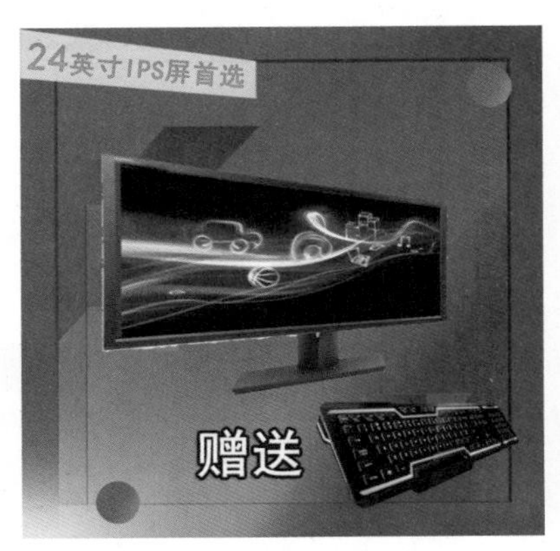

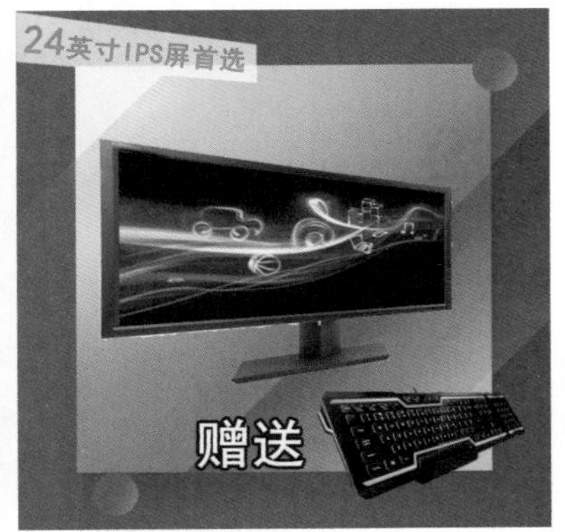

图 5-31　效果展示

下面介绍复制与粘贴图层的操作方法。

01　新建一个智能画布项目，单击左侧的“上传图片”按钮，如图 5-32 所示。

02　执行操作后，弹出“打开”对话框，选择多张图片素材，如图 5-33 所示。

图 5-32 单击“上传图片”按钮

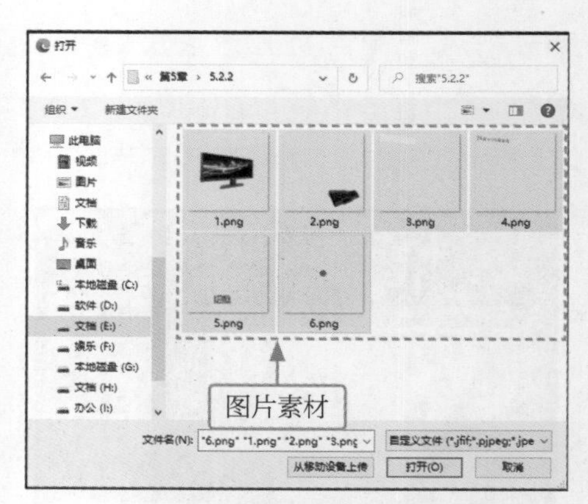

图 5-33 选择多张图片素材

03 单击“打开”按钮，即可将所选图片素材添加到画布上，同时“图层”面板中会生成多个对应的图层，如图 5-34 所示。

04 单击左侧的“文生图”按钮，展开“新建文生图”面板，输入描述词，用于指导 AI 生成特定的图像，如图 5-35 所示。

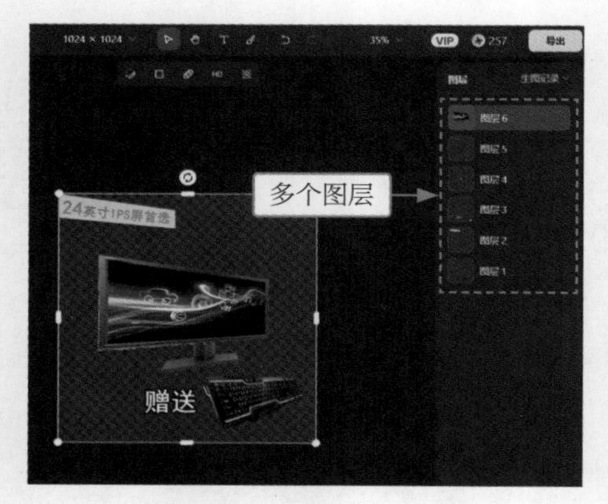

图 5-34 生成多个对应的图层

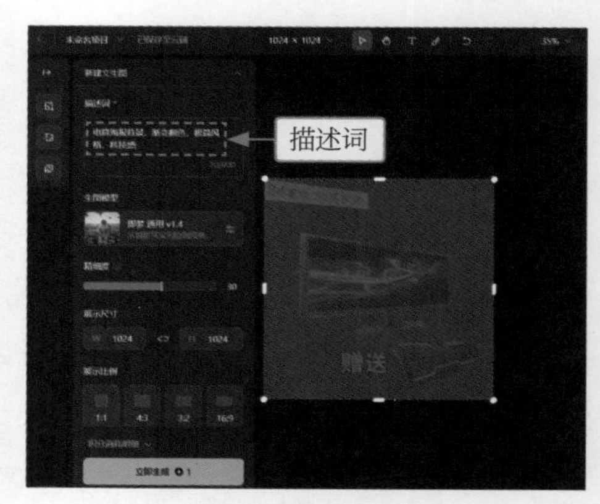

图 5-35 输入描述词

05 单击“立即生成”按钮，即可生成相应的背景图像，效果如图 5-36 所示。

06 选择上一步生成的背景图像（即新建的“图层 7”图层），单击鼠标右键，在弹出的快捷菜单中选择“图层顺序”|“置底”命令，如图 5-37 所示。

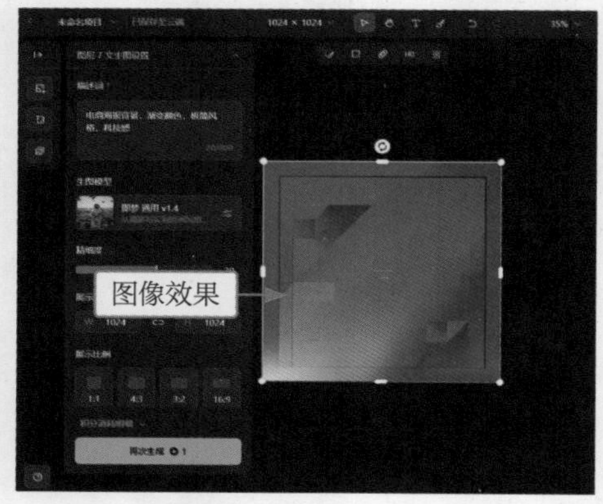

图 5-36 生成背景图像

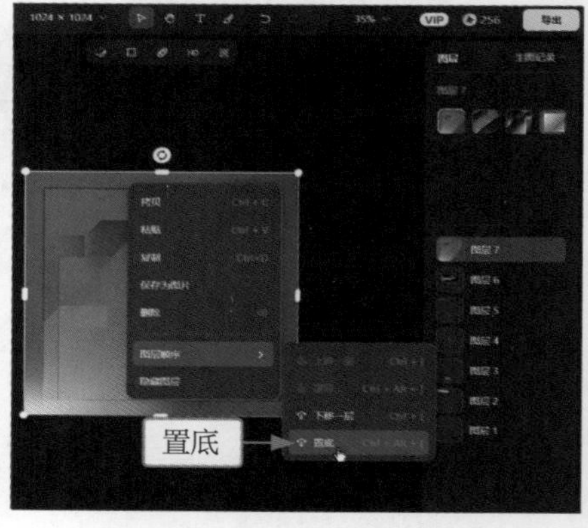

图 5-37 选择“置底”命令

07　执行操作后，即可将“图层 7”图层移至“图层”面板底部，效果如图 5-38 所示。

08　在“图层”面板中，选择“图层 4”图层，单击鼠标右键，在弹出的快捷菜单中选择“复制”命令，如图 5-39 所示。

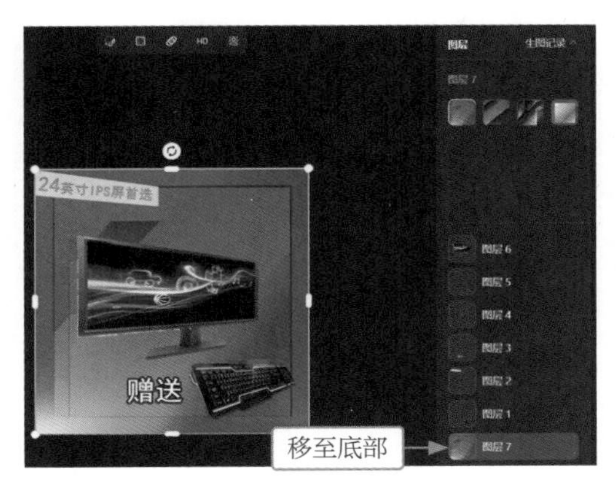

图 5-38　调整图层顺序

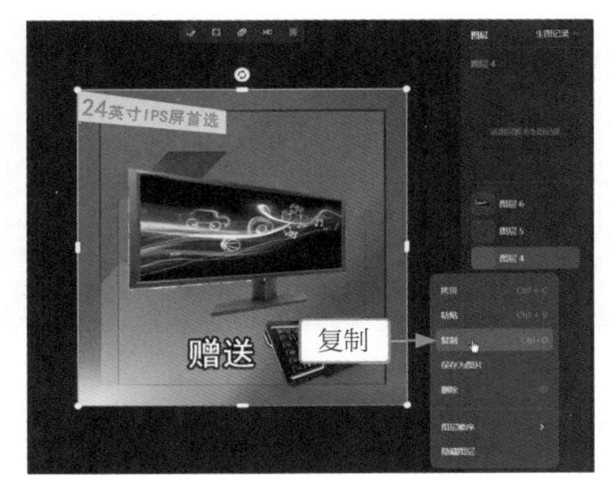

图 5-39　选择“复制”命令

09　执行操作后，即可复制“图层 4”图层，得到“图层 4(1)”图层，运用选中工具适当调整图像的位置，如图 5-40 所示。

10　在“图层 4(1)”图层的图像上单击鼠标右键，在弹出的快捷菜单中选择“拷贝”命令，如图 5-41 所示。

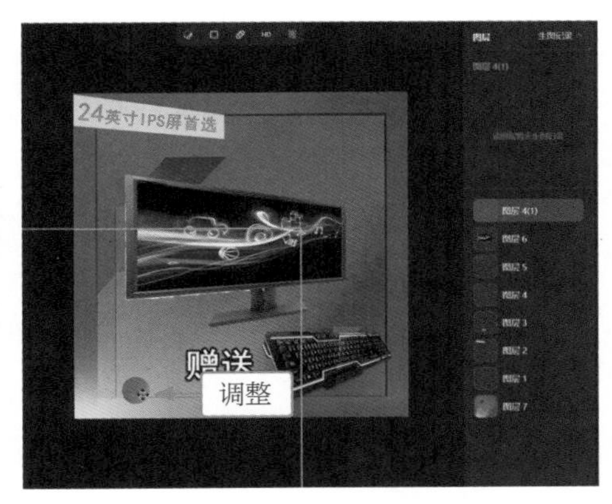

图 5-40　调整图像的位置

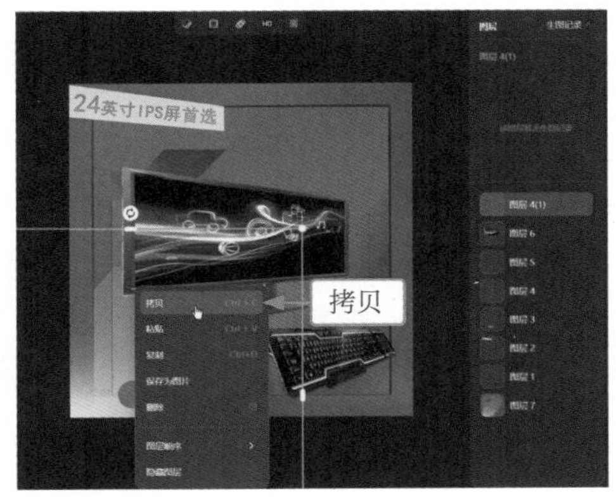

图 5-41　选择“拷贝”命令

11　在画布的任意位置单击鼠标右键，在弹出的快捷菜单中选择“粘贴”命令，如图 5-42 所示。

12　执行操作后，即可粘贴图像，并得到“图层 4(1)(0)”图层，运用选中工具适当调整图像的位置，如图 5-43 所示。

13　在“图层 7”图层中，选择第 4 张图片，即可切换画布上显示的图像效果，如图 5-44 所示。

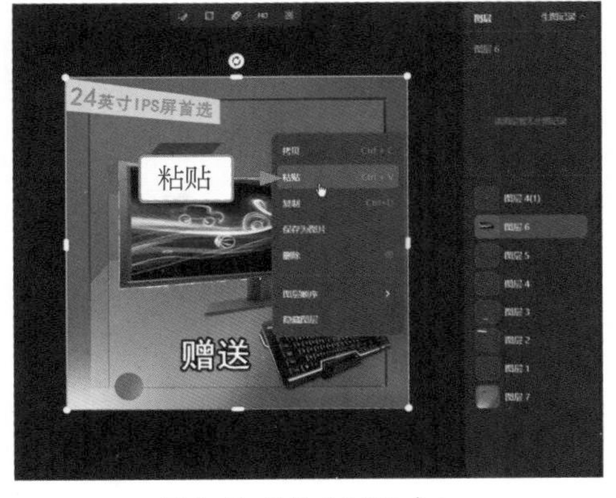

图 5-42　选择“粘贴”命令

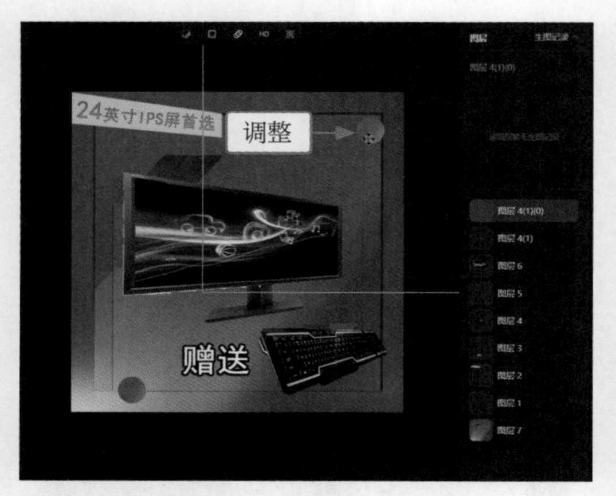

图 5-43 调整图像的位置

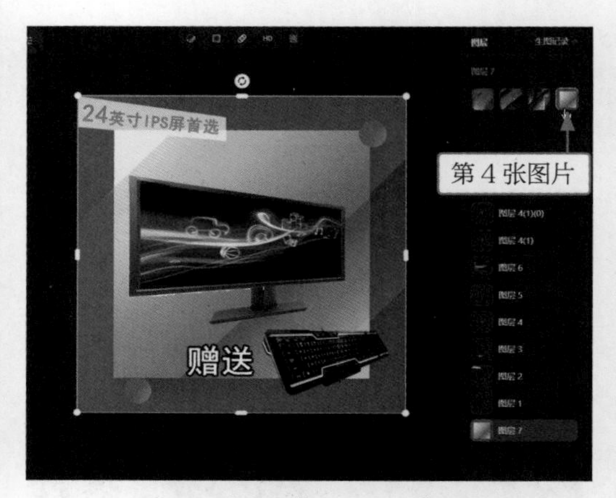

图 5-44 切换画布上显示的图像效果

专家提醒

复制图层操作能够生成一个与现有图层完全一致的副本，这一功能在保持原始图层不变的同时，对于探索并尝试不同的编辑效果显得尤为重要且实用。例如，用户可能会复制一个图层，然后在副本上尝试不同的处理，而不改变原始图层的内容。

拷贝图层操作会将选定图层的内容复制到剪贴板，这允许用户将图层内容传输到其他图像编辑软件或应用程序中。拷贝通常与粘贴操作结合使用，以在同一个或另一个项目中创建图层内容的副本。

5.2.3 隐藏与删除图层

隐藏与删除图层是图像编辑中的两个实用功能，它们支持用户控制工作流程并优化画布上的可视内容。隐藏与删除图层功能提供了对图层管理的精细控制，保持清晰的工作空间，并确保用户的创意愿景得到实现，效果如图 5-45 所示。

扫码看视频

图 5-45 效果展示

下面介绍隐藏与删除图层的操作方法。

01 新建一个智能画布项目，单击上方的分辨率参数 (1024 × 1024)，弹出“画板调节”面板，单击“解绑比例”按钮，如图 5-46 所示，解除对画板尺寸宽高比例的限制。

02 设置 W(Width，宽度) 为 1900px、H(Height，高度) 为 600px，单击“应用”按钮，如图 5-47 所示，调整画布的尺寸。

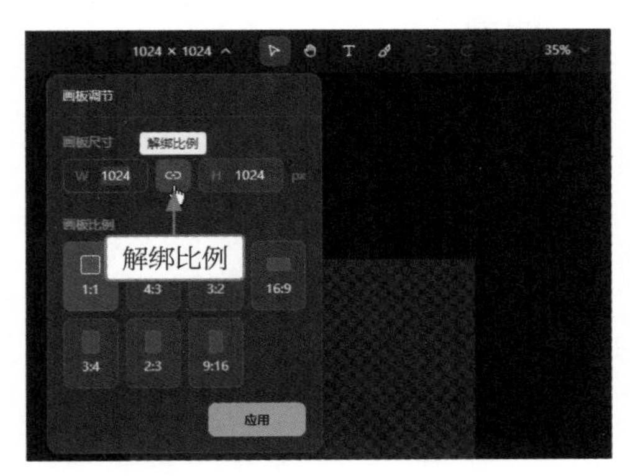

图 5-46　单击“解绑比例”按钮

图 5-47　单击“应用”按钮

03 单击左侧的“上传图片”按钮，如图 5-48 所示。

04 执行操作后，弹出“打开”对话框，选择多张图片素材，如图 5-49 所示。

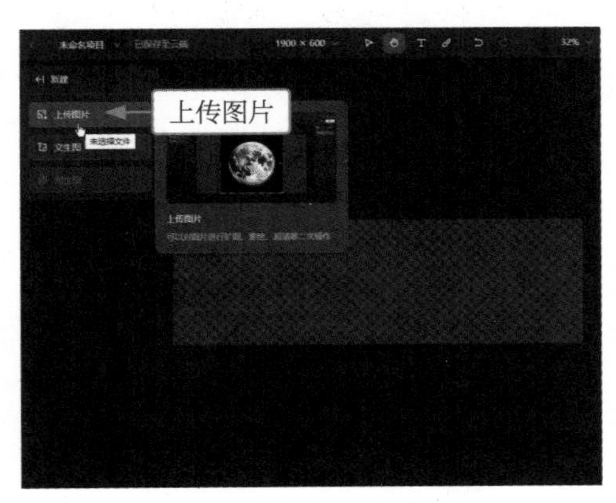

图 5-48　单击“上传图片”按钮

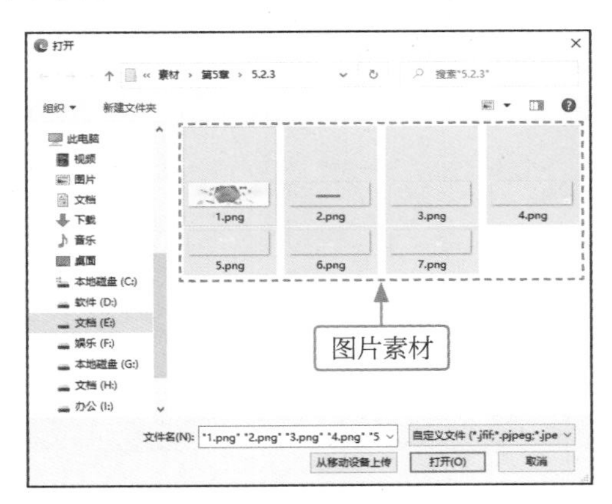

图 5-49　选择多张图片素材

05 单击“打开”按钮，即可将所选图片素材添加到画布上，同时“图层”面板中会生成多个对应的图层，并适当调整图层顺序，效果如图 5-50 所示。

06 选择“图层 6”图层，单击右侧的“隐藏图层”按钮，如图 5-51 所示。

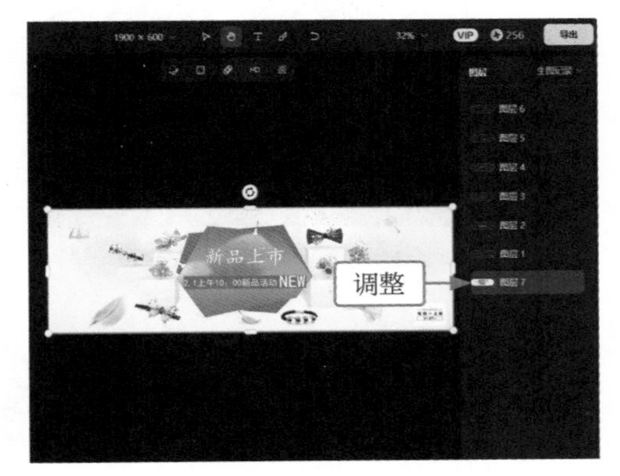

图 5-50　适当调整图层顺序

图 5-51　单击“隐藏图层”按钮

专家提醒

隐藏图层操作会使图层在画布上不可见或在“图层”面板中变成灰色，但不会删除图层的任何内容。这个功能在处理包含许多图层的复杂项目时特别有用，因为它可以帮助用户专注于当前正在工作的特定部分，同时保持其他图层的完整性和可访问性。隐藏图层也可用于比较编辑前后的效果，或在需要临时从视图中移除图层时使用。

07 执行操作后，即可隐藏“图层 6”图层，同时画布中的相应图像也会被自动隐藏，如图 5-52 所示。

08 选择“图层 1”图层，单击鼠标右键，在弹出的快捷菜单中选择“删除”命令，如图 5-53 所示。

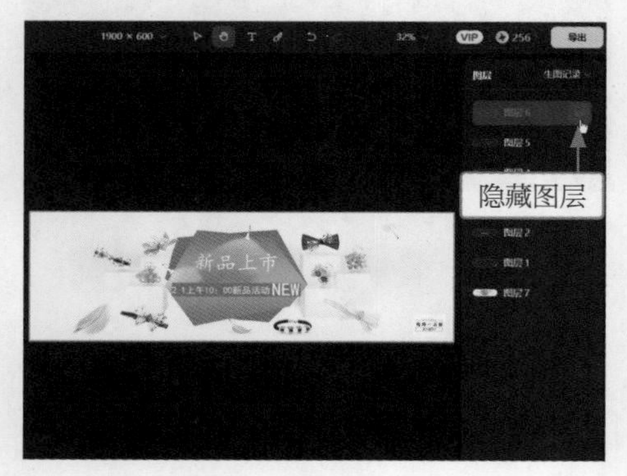

图 5-52 隐藏“图层 6”图层

图 5-53 选择“删除”命令

09 执行操作后，即可删除“图层 1”图层，同时画布中的相应图像也会被自动删除，效果如图 5-54 所示。

专家提醒

用户也可以直接选中画布中的图像，单击鼠标右键，在弹出的快捷菜单中选择“删除”命令，如图 5-55 所示，删除相应的图层和图像。

需要注意的是，删除图层操作会从图像中永久移除选定的图层。删除图层可以减少文件的大小，简化“图层”面板，并清除不再需要的元素。在项目接近完成阶段，或者在确定某个图层不再有用时，用户可以选择删除图层。

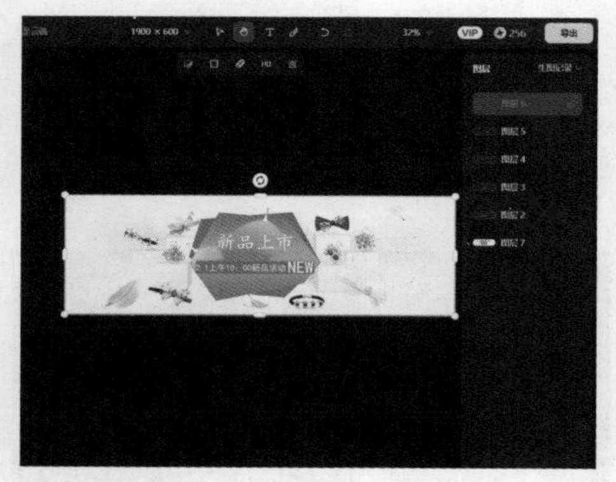

图 5-54 删除“图层 1”图层后的效果

图 5-55 选择“删除”命令

5.2.4 将尺寸放大两倍导出

扫码看视频

通常情况下，简单地放大图像尺寸而不增加图像的像素总数，可能会导致图像质量下降。为了避免这种情况，用户可以使用即梦的智能画布功能进行高质量的图像放大，效果如图 5-56 所示。

图 5-56　效果展示

下面介绍将尺寸放大两倍导出的操作方法。

01　新建一个智能画布项目，单击左侧的“上传图片”按钮，如图 5-57 所示。

02　执行操作后，弹出“打开”对话框，选择图片素材，如图 5-58 所示。

图 5-57　单击“上传图片”按钮

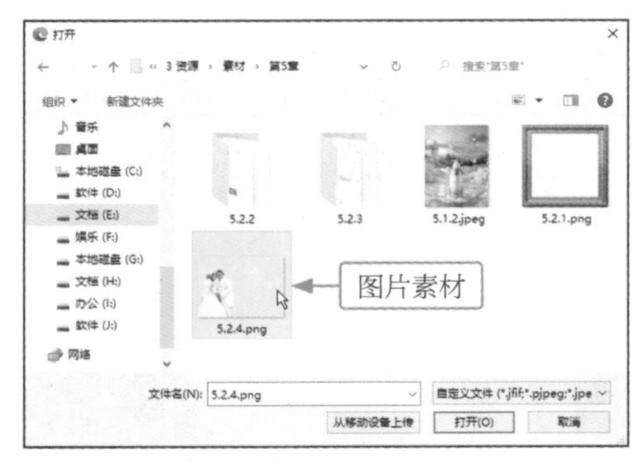

图 5-58　选择图片素材

03　单击“打开”按钮，即可将图片素材添加到画布上，同时“图层”面板中会生成“图层 1”图层，如图 5-59 所示。

04　单击上方的分辨率参数（1024 × 1024），弹出“画板调节”面板，在“画板比例”选项区中选择 4:3 选项，如图 5-60 所示。

图 5-59　生成“图层 1”图层

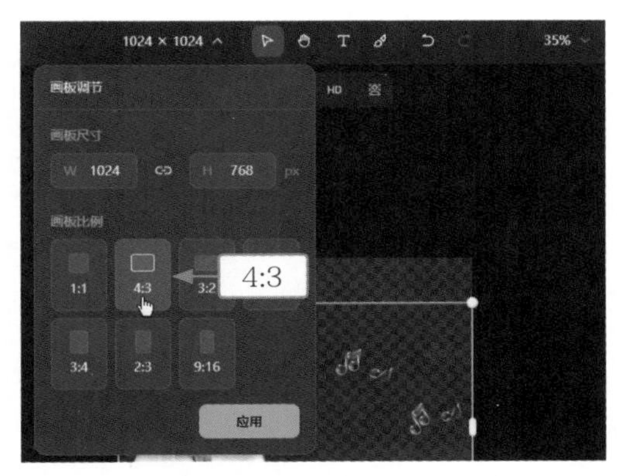

图 5-60　选择 4:3 选项

05 单击“应用”按钮，即可将画板比例调整为与图像尺寸一致，如图 5-61 所示。

06 单击左侧的“文生图”按钮，展开“新建文生图”面板，输入描述词，用于指导 AI 生成特定的图像，如图 5-62 所示。

图 5-61　调整画板比例

图 5-62　输入描述词

07 单击“立即生成”按钮，即可生成相应的图像和图层，效果如图 5-63 所示。

08 在“图层 2”图层中，选择第 2 张图片，切换画布中的图像效果，如图 5-64 所示。

图 5-63　生成图像和图层

图 5-64　切换画布中的图像

09 适当调整图像的位置，使其铺满整个画布，单击右上角的“导出”按钮，如图 5-65 所示。

10 执行操作后，弹出“导出设置”面板，设置“尺寸”为 2x，表示将图像分辨率放大两倍并导出，如图 5-66 所示，单击“下载”按钮，即可下载当前画板中的图像。

图 5-65　单击“导出”按钮

图 5-66　设置“尺寸”参数

专家提醒

智能画布功能在默认设置下会导出当前工作画板中的所有可视内容，这通常包括所有可见图层的组合效果。导出的图像格式一般为 JPEG 或 PNG，这两种格式因其广泛的兼容性和良好的压缩效果而受到用户的青睐。

5.2.5　导出所有图层内容

扫码看视频

利用即梦的智能画布功能，用户不仅可以导出画板中的当前视图，还可以根据需要导出单独的图层，这一操作特别适合在需要将不同图层作为独立元素进行编辑或使用时。例如，设计师可能希望将文本、图标和背景分别导出，以便在其他项目或应用程序中单独使用。

智能画布的导出功能强大且灵活，能够满足不同用户在各种应用场景下的多样化需求。无论是简单的图像分享、专业的设计工作，还是复杂的多媒体项目，智能画布都能提供相应的支持，确保用户能够轻松地将创意转化为高质量的视觉成果，效果如图 5-67 所示。

图 5-67　效果展示

下面介绍导出所有图层内容的操作方法。

01　新建一个智能画布项目，单击左侧的“上传图片”按钮，如图 5-68 所示。

02　执行操作后，弹出“打开”对话框，选择参考图，如图 5-69 所示。

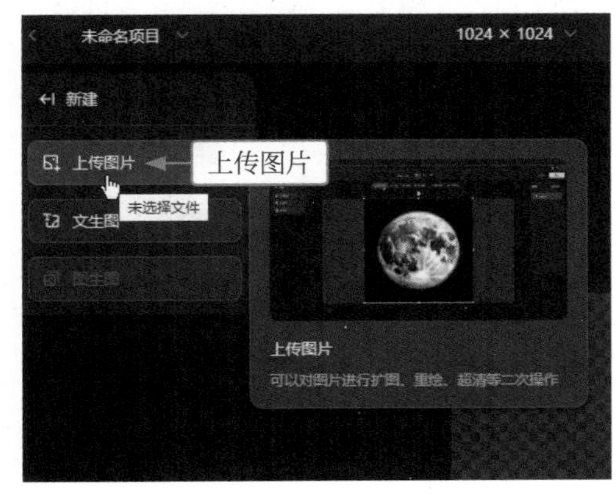

图 5-68　单击“上传图片”按钮

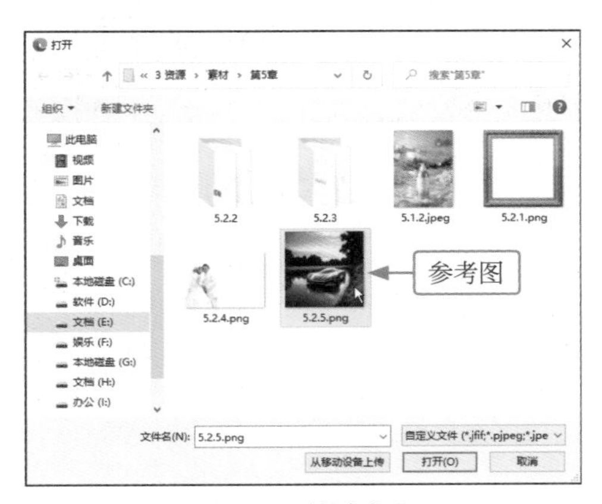

图 5-69　选择参考图

03 单击“打开”按钮，即可将参考图添加到画布上，同时“图层”面板中会生成“图层 1”图层，如图 5-70 所示。

04 在左侧的“新建”选项区中，单击“图生图”按钮，如图 5-71 所示。

图 5-70 生成“图层 1”图层

图 5-71 单击“图生图”按钮

05 执行操作后，展开“新建图生图”面板，输入描述词，用于指导 AI 生成特定的图像，如图 5-72 所示。

06 设置“图层参考程度”为 10，降低参考图对 AI 的影响，如图 5-73 所示。

图 5-72 输入描述词

图 5-73 设置“图层参考程度”参数

07 展开“高级设置”选项区，选中“图片信息”单选按钮，如图 5-74 所示，AI 会根据图片信息生成风格一致的图像效果。

08 单击“立即生成”按钮，即可生成相应的图像，同时会生成一个“图层 2”图层，效果如图 5-75 所示。

图 5-74 选中“图片信息”单选按钮

图 5-75 生成图像和图层

09 在“图层 2”图层中，选择第 2 张图片，切换画布中的图像效果，如图 5-76 所示。

10 在上方工具栏中单击显示比例按钮（此处会显示用户当前使用的显示比例参数），在弹出的列表框中选择 100% 选项，如图 5-77 所示，即可 100% 预览图像效果。

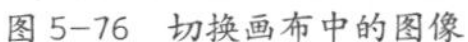
图 5-76　切换画布中的图像

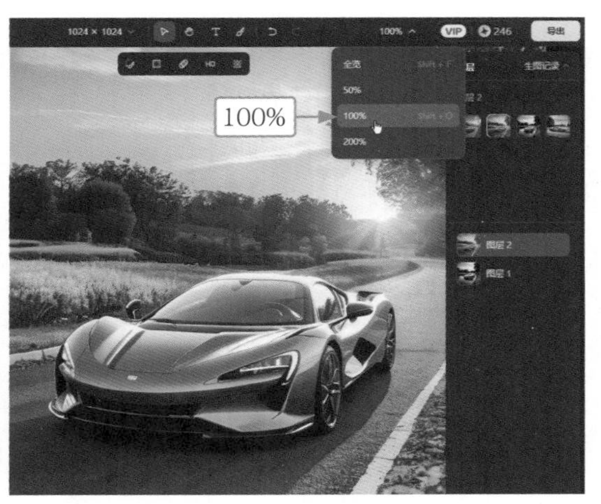

图 5-77　选择 100% 选项

11 单击右上角的“导出”按钮，弹出“导出设置”面板，在“格式”列表框中选择 PNG 选项，如图 5-78 所示。

12 在“导出内容”选项区中，选中“所有图层”单选按钮，如图 5-79 所示，单击“下载”按钮，即可打包下载所有图层中的图像内容，且图像格式为 PNG。

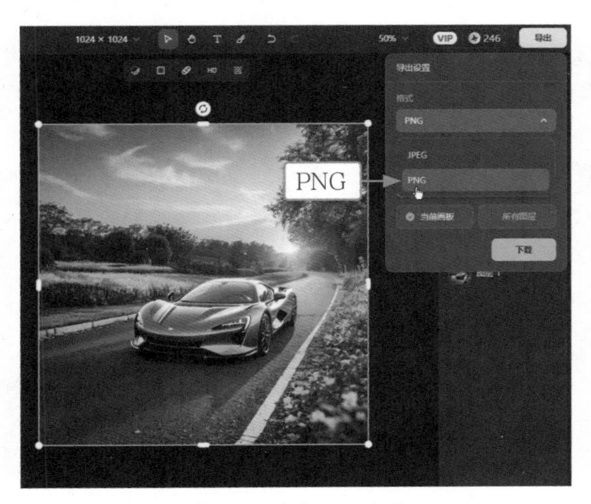

图 5-78　选择 PNG 选项

图 5-79　选中“所有图层”单选按钮

专家提醒

JPEG(Joint Photographic Experts Group，联合图像专家组）是一种有损压缩格式，意味着在减小文件大小时会牺牲一些图像质量。JPEG 格式支持多达 1600 万种颜色，适合色彩丰富的照片和复杂图像。

PNG(Portable Network Graphics，便携式网络图形）提供无损压缩，能够保持图像的完整质量，但文件通常比 JPEG 大。PNG 格式还支持透明度，可以创建具有透明背景的图像，适用于需要高保真度、透明背景或动画效果的图像，如图标设计、网页元素和某些图形设计。

第 6 章

智能编辑：释放 AI 艺术创作的无限可能

随着人工智能技术的飞速发展，艺术创作的未来正悄然展现出新的面貌，以更加细腻和多元的方式铺展出一幅幅充满新意的画卷，预示着创意与技术的融合将开启无限可能的新纪元。本章将深入介绍即梦的智能编辑功能，无论是对现有作品的精细调整，还是从零开始的视觉创作，AI 都提供了强大的支持和无限可能。

6.1　使用局部重绘功能

局部重绘是一种高效的 AI 图像编辑技术，它支持用户对图像的特定部分进行选择性的重新绘制或修改，在数字绘画、照片修复、广告制作和电影特效等方面都有着广泛的应用。本节主要介绍即梦的局部重绘功能的使用方法，帮助大家快速修改并制作图像细节，以达到更精确、个性化的图像编辑效果。

6.1.1　添加重绘蒙版

扫码看视频

在对图像进行局部重绘处理时，用户可以利用画笔工具来精确定义需要重绘的蒙版区域。例如，在处理人像照片时，局部重绘功能可用来创造或修改人物特征，如改变人物头发的颜色，增强画面的视觉效果，原图与新图对比如图 6-1 所示。

图 6-1　原图与新图对比

下面介绍添加重绘蒙版的操作方法。

01　新建一个智能画布项目，单击左侧的“上传图片”按钮，如图 6-2 所示。

02　执行操作后，弹出“打开”对话框，选择参考图，如图 6-3 所示。

图 6-2　单击“上传图片”按钮

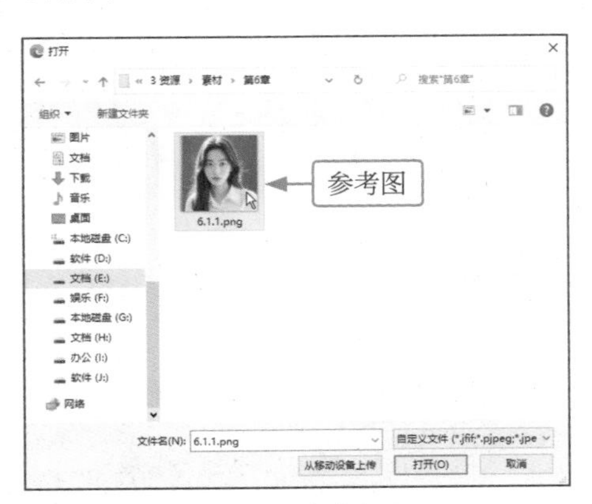

图 6-3　选择参考图

03 单击“打开”按钮，即可将参考图添加到画布上，同时“图层”面板中会生成“图层 1”图层，如图 6-4 所示。

04 在图像上方的工具栏中，单击“局部重绘”按钮，如图 6-5 所示。

图 6-4 生成“图层 1”图层

图 6-5 单击“局部重绘”按钮

05 执行操作后，弹出“局部重绘”对话框，选取画笔工具，如图 6-6 所示。

06 设置画笔大小为 15，适当调粗画笔，如图 6-7 所示。

图 6-6 选取画笔工具

图 6-7 设置画笔大小参数

07 使用画笔工具在人物头发上涂抹，添加重绘蒙版，如图 6-8 所示。

08 使用相同的操作方法，调整合适的画笔大小，并涂抹人物头发，在整个头发区域都添加重绘蒙版，如图6-9所示。

图 6-8 添加重绘蒙版

图 6-9 继续添加重绘蒙版

09　在“局部重绘”对话框的下方，输入描述词，用于指导 AI 生成特定的图像，如图 6-10 所示。

10　单击“立即生成”按钮，即可在重绘蒙版区域生成相应的图像，而其他非蒙版区域的图像不会产生任何改变，效果如图 6-11 所示。

图 6-10　输入描述词

图 6-11　在重绘蒙版区域生成的图像

6.1.2　擦除重绘蒙版

在创建重绘蒙版的过程中，如果用户需要修正或移除蒙版上的某些内容，可以使用橡皮擦工具精确地擦除多余的蒙版区域。

扫码看视频

橡皮擦工具是绘制重绘蒙版时不可或缺的辅助工具，它提供了强大的编辑功能，帮助用户实现精确的蒙版创作。通过不断熟悉和运用这些工具，用户可以更加自如地操作，掌握图像编辑的技巧，创作出更加专业和个性化的作品，原图与新图对比如图 6-12 所示。

图 6-12　原图与新图对比

下面介绍擦除重绘蒙版的操作方法。

01　进入“图片生成”页面，输入描述词，用于指导 AI 生成特定的图像，如图 6-13 所示。

02　单击“立即生成”按钮，即可生成相应的图像，效果如图 6-14 所示。

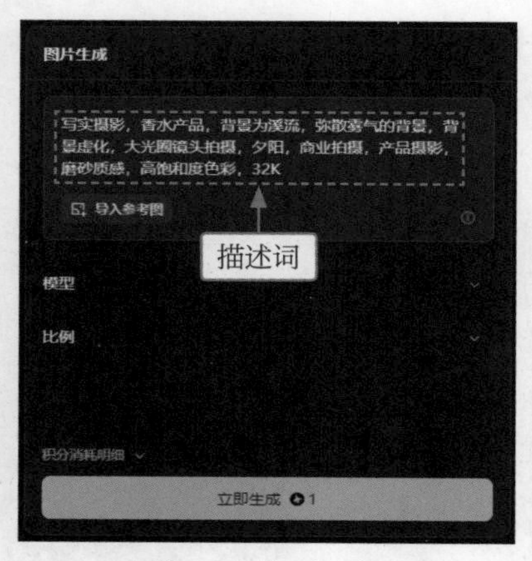

图 6-13　输入描述词

图 6-14　生成相应的图像

03　选择合适的图像，单击下方的“细节重绘”按钮，如图 6-15 所示。

04　执行操作后，即可生成质量更高的图像效果，单击“局部重绘”按钮，如图 6-16 所示。

图 6-15　单击“细节重绘”按钮

图 6-16　单击“局部重绘”按钮

05　在弹出的“局部重绘”对话框中，使用画笔工具涂抹主体图像，添加重绘蒙版区域，如图 6-17 所示。

06　在“局部重绘”对话框的左下角，选取橡皮擦工具，如图 6-18 所示。

图 6-17　添加重绘蒙版区域

图 6-18　选取橡皮擦工具

07　设置橡皮擦大小参数为 6，适当调细橡皮擦，如图 6-19 所示。

08　使用橡皮擦工具，擦除重绘蒙版上不需要的部分，如图 6-20 所示。

图 6-19　设置橡皮擦大小参数

图 6-20　擦除重绘蒙版

09　不需要输入描述词，单击“立即生成”按钮，如图 6-21 所示。

10　执行操作后，即可在重绘蒙版区域生成相应的图像，而其他非蒙版区域的图像不会产生任何改变，效果如图 6-22 所示。

图 6-21　单击“立即生成”按钮

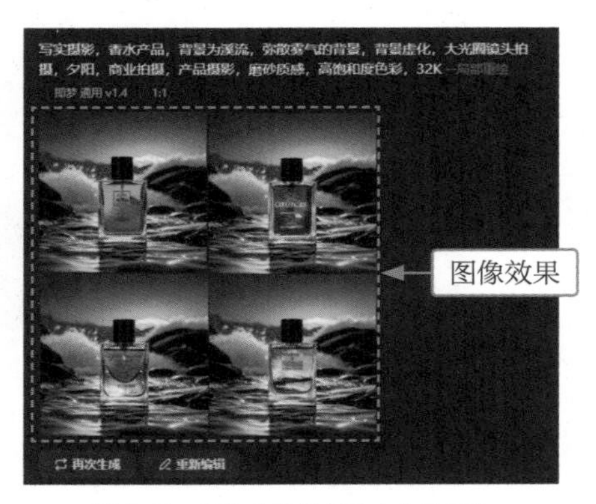

图 6-22　擦除重绘蒙版后生成的图像

专家提醒

橡皮擦工具具有与画笔工具类似的灵活性，允许用户以可控的方式逐步擦除蒙版，直至达到理想的效果。

6.2　使用智能扩图功能

即梦的智能扩图功能是一种先进的 AI 图像处理技术，它通过人工智能算法对图像进行分析和处理，以实现对图像画布的智能放大和场景的扩展。本节主要介绍使用即梦的智能扩图功能的相关技巧，为图像编辑和创意表达提供更多可能。

6.2.1　设置扩图倍数

扫码看视频

即梦的智能扩图功能提供了多样化的图像放大选项，用户可以根据实际需要选择

1.5x、2x 或 3x 等不同的扩图倍数。这些选项使得用户在处理图像时拥有更多的灵活性，无论是想要小幅度增加图像尺寸以适应特定的展示需求，还是大幅度增加分辨率以用于高质量的打印输出，都可以精确匹配用户的特定需求。

在放大图像时，智能扩图功能能够保持图像的原始宽高比，避免因拉伸而导致的图像变形。同时，即梦的智能扩图功能采用了先进的 AI 算法，可以在放大图像的同时，减少像素化和模糊，保持图像质量，原图与新图对比如图 6-23 所示。

图 6-23 原图与新图对比

下面介绍设置扩图倍数的操作方法。

01 新建一个智能画布项目，单击左侧的“上传图片”按钮，如图 6-24 所示。

02 执行操作后，弹出“打开”对话框，选择参考图，如图 6-25 所示。

图 6-24 单击“上传图片”按钮

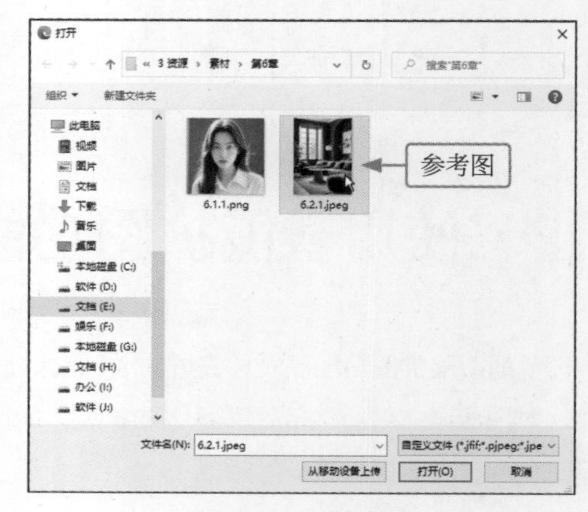

图 6-25 选择参考图

03 单击“打开”按钮，即可将参考图添加到画布上，同时“图层”面板中会生成“图层 1”图层，如图 6-26 所示。

04 单击上方的分辨率参数(1024×1024)，弹出“画板调节”面板，在“画板比例”选项区中选择 3:4 选项，如图 6-27 所示。

图 6-26　生成“图层 1”图层

图 6-27　选择 3:4 选项

05　单击“应用”按钮，即可将画板比例调整为与图像尺寸一致，如图 6-28 所示。

06　在图像上方的工具栏中，单击“扩图”按钮，如图 6-29 所示。

图 6-28　调整画板比例

图 6-29　单击“扩图”按钮

07　执行操作后，弹出“扩图”对话框，默认扩图倍数为 1.5x，如图 6-30 所示。

08　选择 2x 选项，表示将图像画布扩大 2 倍，如图 6-31 所示。

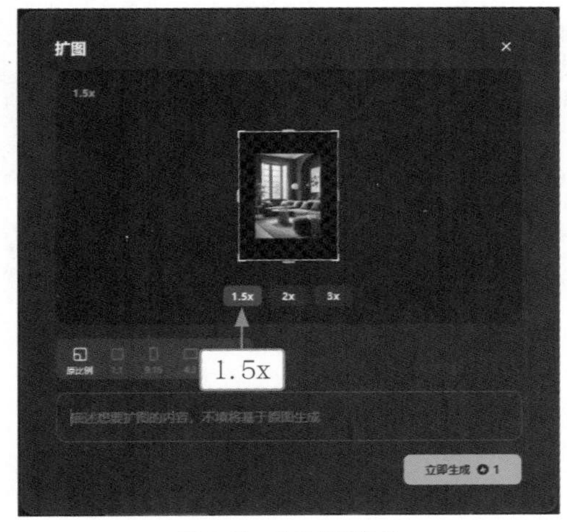

图 6-30　默认扩图倍数

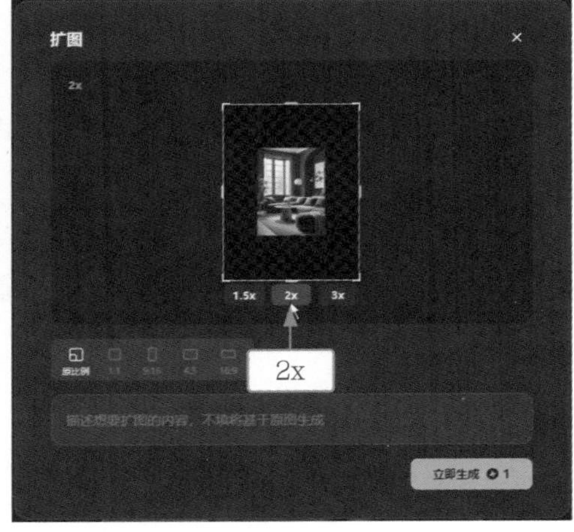

图 6-31　选择 2x 选项

09 不需要输入描述词，单击“立即生成”按钮，如图 6-32 所示。

10 执行操作后，即可生成相应的图像，AI 会在参考图的基础上，绘制扩展画布中的图像，效果如图 6-33 所示。

图 6-32 单击“立即生成”按钮

图 6-33 扩展画布中图像的效果

6.2.2 设置扩图比例

在即梦的智能扩图功能中，用户可以根据自己的需求选择不同的比例扩大图像场景，包括原比例和多种预设比例选项，如 1:1、9:16、4:3、16:9 等。

扫码看视频

即梦的智能扩图功能赋予了用户极大的灵活性，允许他们根据特定的展示或打印需求，选择最合适的图像比例进行扩图。无论是保持原比例的真实呈现，还是适配不同媒介的特定比例，用户都可以轻松实现，原图与新图如图 6-34 所示。

图 6-34 原图与新图对比

下面介绍设置扩图比例的操作方法。

01 进入“图片生成”页面，输入描述词，用于指导 AI 生成特定的图像，如图 6-35 所示。

02 单击“立即生成”按钮，即可生成相应的图像，效果如图 6-36 所示。

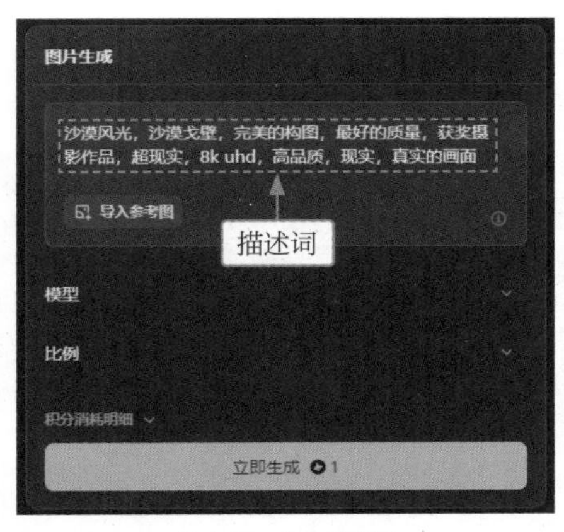

图 6-35　输入描述词

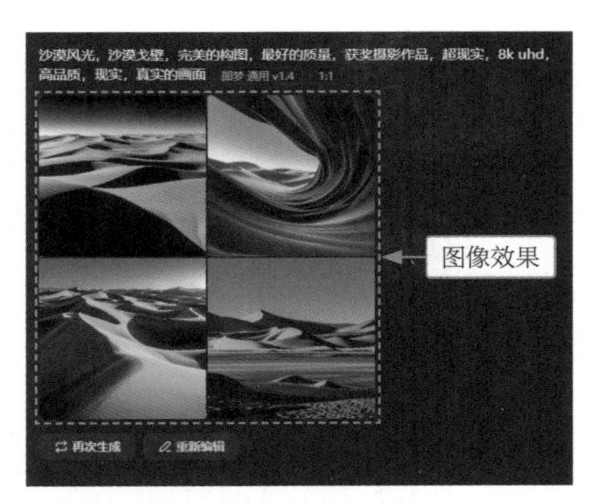

图 6-36　生成相应的图像

03 选择合适的图像，单击下方的“细节重绘”按钮，如图 6-37 所示。

04 执行操作后，即可生成质量更高的图像效果，单击“扩图”按钮，如图 6-38 所示。

图 6-37　单击“细节重绘”按钮

图 6-38　单击“扩图”按钮

05 执行操作后，弹出“扩图”对话框，选择 16:9 选项，如图 6-39 所示，将画布扩展为横图。

06 输入相应的描述词，用于指导 AI 生成特定的图像，如图 6-40 所示。

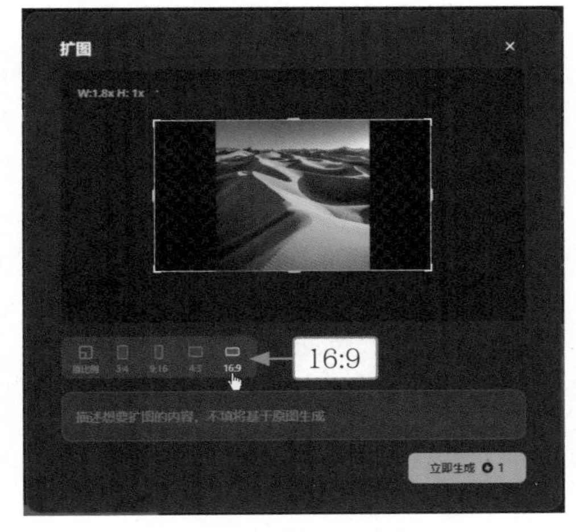

图 6-39　选择 16:9 选项

图 6-40　输入描述词

07 在“扩图”对话框的右下角，单击“立即生成”按钮，如图 6-41 所示。

08 执行操作后，即可生成相应的图像，AI 会根据描述词扩展图像左右两侧的场景，效果如图 6-42 所示。

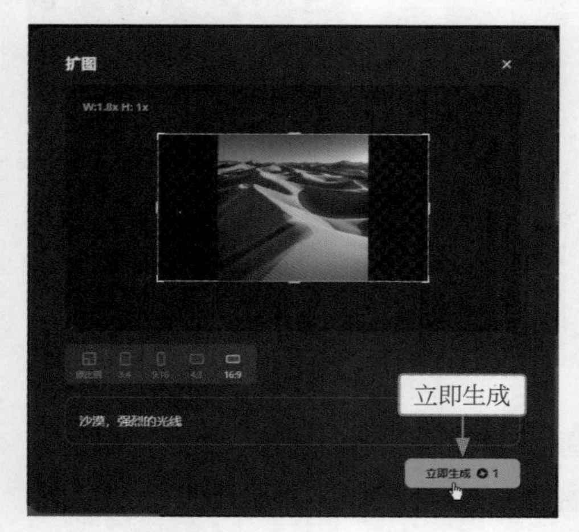

图 6-41　单击“立即生成”按钮

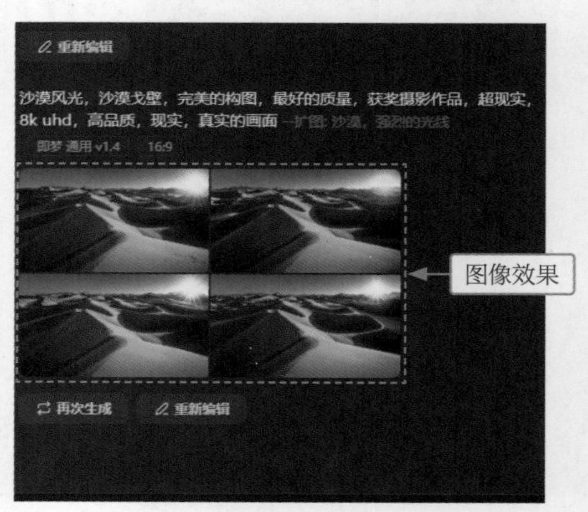

图 6-42　生成扩展图像

6.3　使用其他图像编辑功能

即梦平台中还设置了一些实用的智能图像编辑功能，从基本的修复图像瑕疵和添加文字效果，到高级的改善图像画质和一键智能抠图等，每个功能都像是工具箱中的一件工具，等待着被巧妙地运用，为图像增添更多亮点。

6.3.1　修复图像瑕疵

扫码看视频

即梦平台中的消除笔功能可以轻松地执行一键修复操作，无论是去除图像中的小瑕疵，还是删除画面中不需要的杂物，都能迅速实现。消除笔功能特别适合快速清理图像中的污点、划痕、水印或其他任何影响视觉效果的元素，原图与新图对比如图 6-43 所示。

图 6-43　原图与新图对比

下面介绍修复图像瑕疵的操作方法。

01 新建一个智能画布项目，单击左侧的“上传图片”按钮，弹出“打开”对话框，选择参考图，如图 6-44 所示。

02 单击“打开”按钮，即可将参考图添加到画布上，同时“图层”面板中会生成“图层 1”图层，如图 6-45 所示。

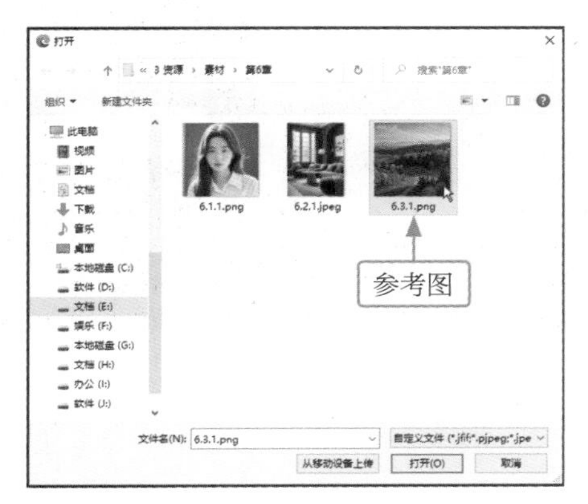

图 6-44　选择参考图

图 6-45　生成“图层 1”图层

03 在图像上方的工具栏中，单击“消除笔”按钮，如图 6-46 所示。

04 执行操作后，弹出“消除笔”对话框，选取画笔工具，如图 6-47 所示。

图 6-46　单击“消除笔”按钮

图 6-47　选取画笔工具

05 设置画笔大小参数为 10，适当调粗画笔，如图 6-48 所示。

06 使用画笔工具，涂抹图像左上角的水印，如图 6-49 所示。

图 6-48　设置画笔大小参数

图 6-49　涂抹图像上的水印

07 单击“消除笔”对话框右下角的“立即生成”按钮，如图 6-50 所示。

08 执行操作后，即可生成相应的图像，同时会将图像中的日期水印去除，效果如图 6-51 所示。

图 6-50 单击“立即生成”按钮

图 6-51 去除水印后生成的图像

专家提醒

在使用消除笔功能时，即梦会记录下所有的编辑步骤，用户可以单击“撤销”按钮，随时回退到先前的图像状态。

6.3.2 创意涂鸦绘画

使用即梦的画笔工具，用户可以自由地进行涂鸦绘画操作，体验数字绘画的无限乐趣。画笔工具模拟了真实画笔的涂鸦绘画效果，为用户提供了一种直观而强大的绘画方式，使他们能够在数字画布上挥洒创意，根据自己的想象进行创作，原图与新图对比如图 6-52 所示。

扫码看视频

图 6-52 原图与新图对比

下面介绍创意涂鸦绘画的操作方法。

01 新建一个智能画布项目，单击左侧的“上传图片”按钮，弹出“打开”对话框，选择参考图，如图 6-53 所示。

02 单击“打开”按钮，即可将参考图添加到画布上，同时“图层”面板中会生成“图层 1”图层，如图 6-54 所示。

图 6-53　选择参考图

图 6-54　生成“图层 1”图层

03 在顶部工具栏中，选取画笔工具，如图 6-55 所示。

04 执行操作后，进入画笔编辑状态，单击“画笔颜色”按钮，如图 6-56 所示。

图 6-55　选取画笔工具

图 6-56　单击“画笔颜色”按钮

05 在弹出的“画笔颜色”面板中，选择预设颜色，如白色 (#ffffff)，如图 6-57 所示。

06 设置画笔大小参数为 20，适当调细画笔，如图 6-58 所示。

图 6-57　选择预设颜色

图 6-58　设置画笔大小参数

07 使用画笔工具 在图像上涂鸦绘画，绘制相应的图像效果，完成后单击“完成绘制”按钮，如图 6-59 所示。

08 执行操作后，即可生成相应的图像，同时“图层”面板中会生成一个“画笔 1”图层，效果如图 6-60 所示。

图 6-59 单击“完成绘制”按钮

图 6-60 生成“画笔 1”图层

专家提醒

生成画笔图层后，用户还可以调整涂鸦绘画效果的大小和角度，确保通过作品的每个细节精确地表达自己的创意和风格。

6.3.3 添加文字效果

扫码看视频

使用即梦的添加文字工具 ，用户可以便捷地为图像添加文字效果，增强作品视觉吸引力的同时，深化作品的传达力，原图与新图对比如图 6-61 所示。

图 6-61 原图与新图对比

下面介绍添加文字效果的操作方法。

01 新建一个智能画布项目，单击左侧的“上传图片”按钮，弹出“打开”对话框，选择参考图，如图 6-62 所示。

02 单击“打开”按钮，即可将参考图添加到画布上，同时“图层”面板中会生成“图层 1”图层，如图 6-63 所示。

图 6-62　选择参考图

图 6-63　生成“图层 1”图层

03 在顶部工具栏中，选取添加文字工具，如图 6-64 所示。

04 执行操作后，进入文字编辑状态，输入要添加的文字，如图 6-65 所示。

图 6-64　选取添加文字工具

图 6-65　输入文字

05 选择合适的字体，并设置“字号”参数为 56，调大文字，如图 6-66 所示。

06 适当调整文字的位置，单击“文字颜色”按钮，在弹出的面板中选择预设颜色 (#baf8b6)，如图 6-67 所示。

图 6-66　设置“字号”参数

图 6-67　选择预设颜色

07 复制文字图层，并将复制的图层移至原文字图层的下方，调整图层顺序，如图 6-68 所示。

08 将复制的文字颜色调整为白色（#ffffff），并适当调整文字的位置，形成投影效果，如图 6-69 所示。

图 6-68　调整图层顺序

图 6-69　调整文字的颜色和位置

专家提醒

用户可以自由调整文字的格式和排版布局，包括字体、字号、对齐方式、颜色、字距等，以实现最佳的视觉效果。这种高度的自定义能力，使得文字不仅能传达信息，更成为视觉设计中的重要元素。

6.3.4 改善图像画质

即梦的无损超清功能能够对原本模糊的图片进行智能增强，显著提升图像的清晰度和整体画质。通过无损超清功能，即使是分辨率较低或因压缩而变得模糊的图片，也能够被智能地恢复和增强，从而产生更加清晰的视觉效果，原图与新图对比如图 6-70 所示。

扫码看视频

图 6-70　原图与新图对比

下面介绍改善图像画质的操作方法。

01 新建一个智能画布项目，单击左侧的“上传图片”按钮，弹出“打开”对话框，选择参考图，如图 6-71 所示。

02 单击“打开”按钮，即可将参考图添加到画布上，同时“图层”面板中会生成“图层 1”图层，如图 6-72 所示。

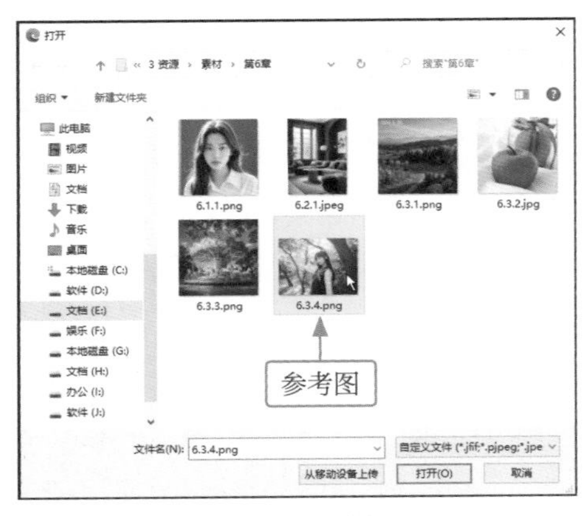

图 6-71　选择参考图

图 6-72　生成“图层 1”图层

03　单击上方的分辨率参数(1024×1024)，弹出“画板调节”面板，在“画板比例”选项区中选择4:3选项，如图6-73所示。

04　单击“应用”按钮，即可将画板比例调整为与图像尺寸一致，如图 6-74 所示。

图 6-73　选择 4:3 选项

图 6-74　调整画板比例

05　在图像上方的工具栏中，单击“无损超清”按钮，如图 6-75 所示。

06　执行操作后，即可修复画质，提升了图像视觉的清晰感，效果如图 6-76 所示。

图 6-75　单击“无损超清”按钮

图 6-76　修复图像画质

6.3.5　一键智能抠图

即梦的智能抠图是一种高效的图像编辑功能，它利用先进的计算机视觉和机器学习算法，自动识别图像中的特定对象，并将其从背景中分离出来，创建一个透明的图层，同时用 AI 改变图像背景，原图与新图对比如图 6-77 所示。

扫码看视频

图 6-77　原图与新图对比

下面介绍一键智能抠图的操作方法。

01 新建一个智能画布项目，单击左侧的“上传图片”按钮，弹出“打开”对话框，选择参考图，如图 6-78 所示。

02 单击“打开”按钮，即可将参考图添加到画布上，同时“图层”面板中会生成“图层 1”图层，如图 6-79 所示。

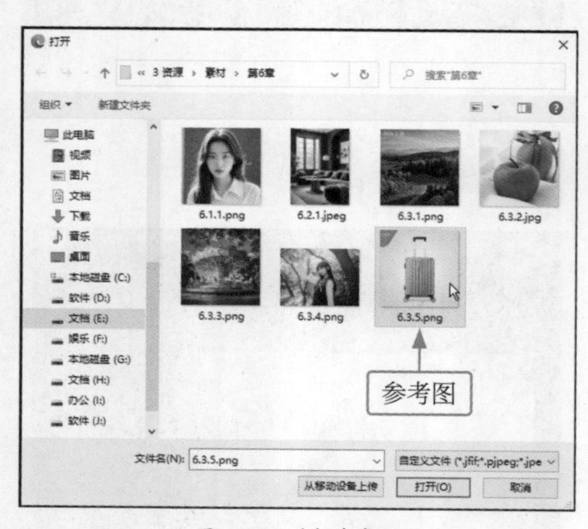

图 6-78　选择参考图

图 6-79　生成“图层 1”图层

03 选择“图层 1”图层，在图像上方的工具栏中，单击“抠图”按钮，如图 6-80 所示。

04 执行操作后，弹出“抠图”对话框，系统会自动在主体图像上创建相应的蒙版，如图 6-81 所示。

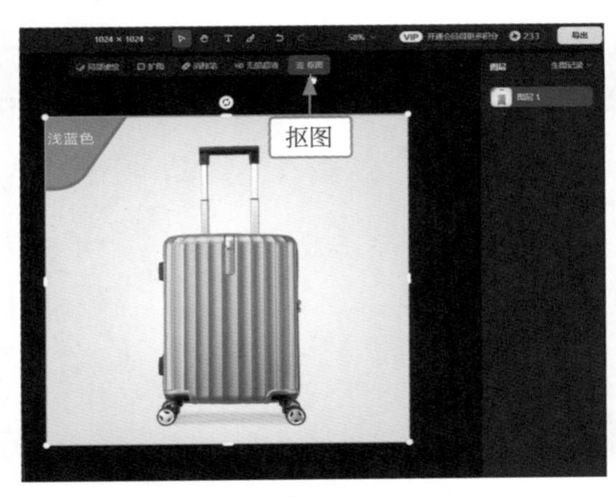

图 6-80　单击“抠图”按钮

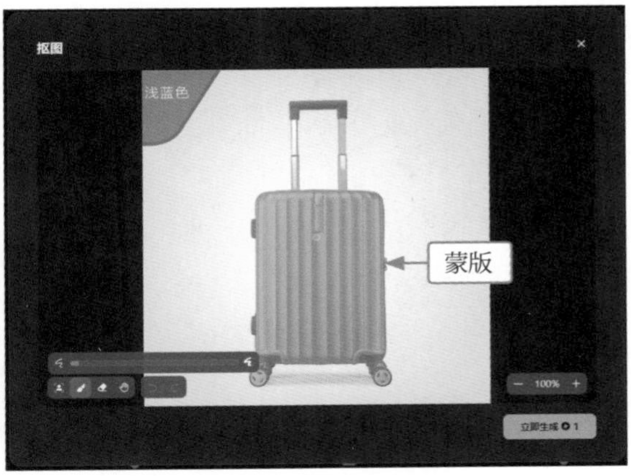

图 6-81　创建蒙版

05　单击“立即生成”按钮，即可自动抠出主体图像，同时背景会变为透明图层，效果如图 6-82 所示。

06　在左侧的“新建”选项区中，单击“图生图”按钮，展开“新建图生图”面板，输入描述词，用于指导 AI 生成特定的图像，如图 6-83 所示。

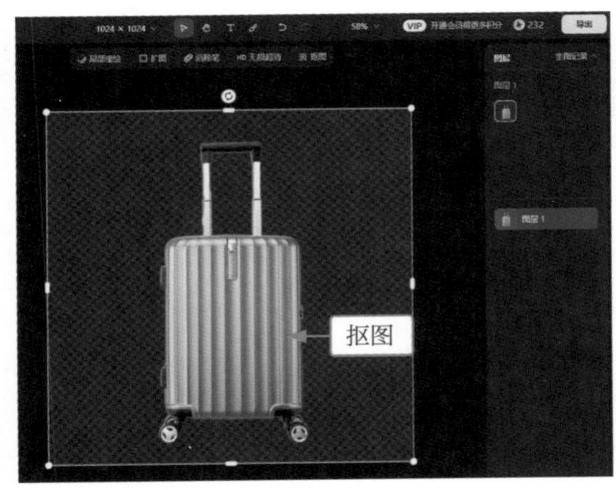

图 6-82　抠出主体图像效果

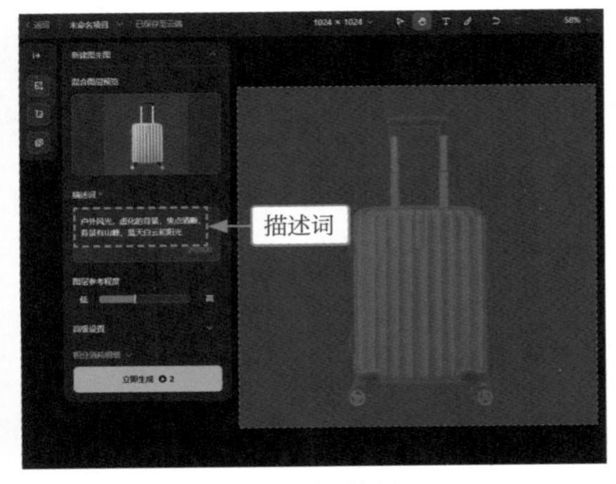

图 6-83　输入描述词

07　展开“高级设置”选项区，选中“主体”单选按钮，如图 6-84 所示，让 AI 仅重绘背景图像。

08　单击“立即生成”按钮，即可生成相应的背景图像和图层，效果如图 6-85 所示。

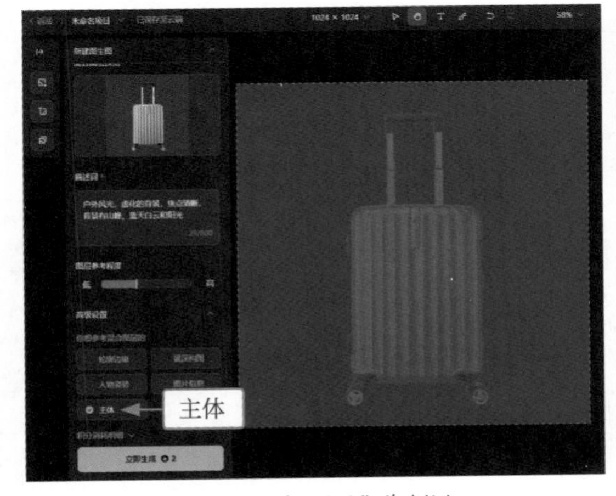

图 6-84　选中“主体”单选按钮

图 6-85　生成图像和图层

第 7 章

文生视频：文字驱动的 AI 视频创作艺术

在 AI 时代，艺术创作与技术的结合催生了无数创新形式。本章深入探讨了一种新兴的 AI 艺术创新形式——文生视频，它打破了传统视频制作的界限，将文字直接转化为一场动感的视觉盛宴。在即梦的文生视频功能中，文字不仅仅是叙述的工具，更是创作的起点，是激发 AI 想象力的“催化剂”。

7.1　文生视频的描述技巧

即梦平台的文生视频功能以其简洁直观的操作界面和强大的 AI 算法，为用户提供了一种全新的视频创作体验。不同于传统的视频制作流程，用户无须精通视频编辑软件或拥有专业的视频制作技能，只通过简单的文字描述，即可激发 AI 的创造力，生成一段段引人入胜的视频内容。

在这个创新过程中，文字描述扮演着至关重要的角色。文字不仅是视频内容的蓝图，更是 AI 理解用户意图和创作方向的关键。因此，文字描述的准确性、创造性和情感表达都非常重要，它们直接影响着视频最终的质量和感染力。

本节主要介绍文生视频的描述技巧，用户在输入描述词时，应该尽量清晰、具体，同时富有想象力，以引导 AI 创造出符合预期的视频效果。

7.1.1　主体部分

扫码看视频

在视频创作的世界里，每个场景都是一个独立的故事，由一个或多个核心元素，即主体来驱动。主体和主题是相互依存的，一个有力的主体可以帮助表达和强化主题，而一个深刻的主题可以提升主体的表现力。

主体不仅能够为视频注入灵魂，还为观众提供了视觉焦点和情感共鸣的源泉。表 7-1 为常见的视频主体（或主题）示例。

表 7-1　常见的视频主体（或主题）示例

类别	视频主体（或主题）示例
人物	名人、模特、演员、公众人物
动物	宠物（猫、狗）、野生动物、地区标志性动物
自然景观	山脉、海滩、森林、瀑布
城市风光	城市天际线、地标建筑、街道、广场
交通工具	汽车、飞机、火车、自行车、船只
食物和饮料	美食制作过程、餐厅美食、饮料调制
产品展示	电子产品、时尚服饰、化妆品、家居用品
教育内容	教学视频、讲座、实验演示、技能培训
娱乐和幽默	搞笑短片、喜剧表演、魔术表演
运动和健身	体育赛事、健身教程、运动员训练
音乐和舞蹈	音乐视频、现场演出、舞蹈表演
艺术和文化	艺术作品展示、文化节庆、历史遗迹介绍
游戏和电子竞技	电子游戏玩法、电子竞技比赛、游戏评测
抽象和概念	表达抽象概念的视觉元素
商业和广告	商业宣传、广告、品牌推广
幕后制作	电影、电视节目、音乐视频的制作过程
旅行和探险	旅行日志、探险活动、文化体验

上述这些主体（或主题）不仅丰富了视频的内容，也为用户提供了广阔的创作空间。通过巧妙地结合这些主体（或主题），用户可以构建出多样化的视频场景，讲述各种引人入胜的故事，满足不同观众的期待和喜好。

例如，下面这段 AI 视频的主体是一只大象，视频内容主要展现大象的庞大身躯和稳重步伐，以及非洲大草原的壮丽景色，效果如图 7-1 所示。

扫码看效果

图 7-1　效果展示

下面介绍通过描述主体部分来生成视频的操作方法。

01　进入即梦的官网首页，在“AI 视频”选项区中，单击“视频生成”按钮，如图 7-2 所示。

图 7-2　单击“视频生成”按钮

02 执行操作后，进入“视频生成”页面，切换至“文本生视频”选项卡，输入描述词，用于指导 AI 生成特定的视频，如图 7-3 所示。

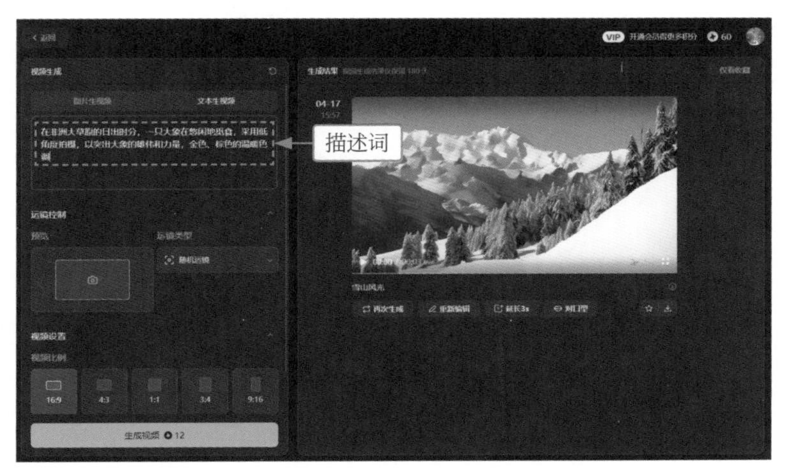

图 7-3　输入描述词

03 单击“生成视频”按钮，即可开始生成视频，并显示生成进度，如图 7-4 所示。

04 稍等片刻，即可生成相应的视频效果，单击视频预览窗口右下角的按钮，如图 7-5 所示，即可全屏预览视频。

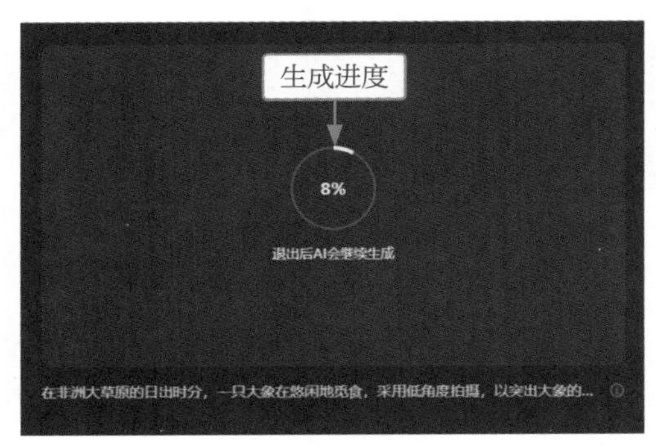

图 7-4　显示生成进度

图 7-5　全屏预览视频

05 单击视频预览窗口右下角的“收藏”按钮，如图 7-6 所示，即可收藏视频。

06 单击视频预览窗口右下角的“下载”按钮，如图 7-7 所示，即可下载视频。

图 7-6　单击“收藏”按钮

图 7-7　单击“下载”按钮

专家提醒

需要注意的是，普通用户下载的视频会带有即梦的文字水印。用户可以开通即梦会员，下载无水印的视频效果。

7.1.2 场景设置

扫码看视频

在 AI 视频的描述词中，用户可以详细地描绘一个特定的场景，不仅包括场景的物理环境，还涵盖了情感氛围、色彩调性、光线效果及动态元素。通过精心设计的描述词，AI 能够生成与用户构想相匹配的视频内容。

例如，在下面这段 AI 视频中，主体是“绿色的麦穗”，同时使用了很多有关场景设置的描述词，如“一望无际的田野”“远处的山峰”“耀眼的阳光”，效果如图 7-8 所示。

扫码看效果

图 7-8　效果展示

专家提醒

通过精心构思的描述词，AI 能够理解并实现用户想要表达的故事和视觉效果，同时生成相应的视频效果。描述词可以涵盖场景的细节、角色的特征、情感的基调，以及视觉风格等多个方面，确保 AI 能够精确捕捉用户的创作意图。

下面介绍通过描述场景来生成视频的操作方法。

01　进入“视频生成”页面，切换至“文本生视频”选项卡，输入描述词，用于指导 AI 生成特定的视频，如图 7-9 所示。

图 7-9　输入描述词

专家提醒

根据这段描述词，生成的 AI 视频效果可能会包含如下元素。

❶ 绿色的麦穗：视频将以一片生机勃勃的绿色麦穗作为主要的视觉焦点，展示其色彩和丰富的细节。

❷ 特写：镜头将紧密捕捉麦穗的特写，突出麦穗的质感、层次和生长的活力。

❸ 一望无际的田野：随着镜头拉远，将展现开阔的田野景观，传达一种广阔和宁静的感觉。

❹ 浅景深：通过模拟相机的光圈设置，创造浅景深效果，使麦穗清晰突出，而背景则柔和、模糊，增强视觉焦点。

❺ 远处的山峰：在画面的远处，可以隐约看到山峰的轮廓，为田野景观增添了深度和远景的层次。

❻ 摄影风格：摄影风格可能倾向于自然和真实，强调自然光线和色彩的运用，以及田野和山峰的自然美。

❼ 耀眼的阳光：阳光将是视频中的一个重要元素，它穿透云层，照亮麦穗，形成光影对比，增加画面的动态感和视觉冲击力。

02　单击“生成视频”按钮，即可开始生成视频，并显示生成进度，如图 7-10 所示。

03　稍等片刻，即可生成相应的视频效果，同时可以单击视频上方的“满意”按钮或“不满意”按钮，根据自己的满意度进行反馈，如图 7-11 所示。

图 7-10　显示生成进度

图 7-11　对视频效果进行反馈

7.1.3 视觉细节

扫码看视频

在 AI 视频生成的过程中，描述词是引导 AI 理解和创作视频内容的关键。精心构建的描述词至关重要，它们能够为 AI 提供丰富的信息，帮助其精确捕捉并重现用户心中的场景、人物或物体。表 7-2 为一些可以包含在描述词中的视觉细节。

表 7-2 描述词中的视觉细节

类别	视觉细节示例	
场景特征细节	环境背景	环境可以是宁静的海滩、繁忙的都市街道、古老的城堡内部或遥远的外星世界等
	色彩氛围	描述场景的整体色彩，如温暖的日落色调、冷冽的冬季蓝或充满活力的春天绿等
	光线条件	光线可以是柔和的晨光、刺眼的正午阳光或昏暗的室内灯光等
人物特征细节	外观描述	人物的发型、服装风格、面部特征等
	表情细节	人物的表情可以是快乐、悲伤、惊讶或深思，这些表情将影响人物的情感传达等
	动作特点	人物的动作可以是优雅的舞蹈、紧张的奔跑或平静的站立等
物体特征细节	形状和大小	物体可以是圆形、方形或不规则的形状，大小可以是小巧精致或庞大壮观等
	颜色和纹理	物体的颜色可以是鲜艳夺目或柔和淡雅，纹理可以是光滑、粗糙或有特殊图案等
	功能和用途	描述物体的功能，如一辆快速的赛车、一件实用的工具或一件装饰艺术品等
动态元素细节	运动轨迹	物体或人物的运动轨迹，如直线移动、曲线旋转或不规则跳跃等
	速度变化	运动的速度可以是快速、缓慢或有节奏的加速和减速等

通过这些详细的视觉细节描述词，AI 能够生成符合用户期望的视频内容，不仅在视觉上吸引人，而且在情感上与观众产生共鸣。这种高度定制化的视频创作方式，使得 AI 成为一个强大的创意工具，适用于各种视频制作的需求。

例如，下面这段 AI 视频中，展现了“高耸的山脉”“绿色的田野”“河流”“村庄”等大量视觉细节元素，呈现出和谐而生动的自然与人文景观效果，如图 7-12 所示。

图 7-12 效果展示

下面介绍通过描述视觉细节来生成视频的操作方法。

扫码看效果

01 进入“视频生成”页面，切换至“文本生视频”选项卡，输入描述词，用于指导 AI 生成特定的视频，如图 7-13 所示。

图 7-13　输入描述词

02　单击“生成视频”按钮，即可开始生成视频，并显示生成进度，如图 7-14 所示。

03　稍等片刻，即可生成相应的视频效果，同时可以单击视频右下角的“详细信息”按钮，查看该视频的描述词，如图 7-15 所示。

图 7-14　显示生成进度

图 7-15　查看视频的描述词

7.1.4　动作与情感

扫码看视频

在 AI 视频生成的描述词中，详细描述人物、动物或物体的动作和活动是至关重要的，因为这些动态元素能够为视频场景注入生命力，创造出引人入胜的故事。

在 AI 视频创作的世界里，描述词的作用就像是一位导演，指导着场景中每一个动作和活动的展开。下面是一些可以包含在描述词中的动作和情感描述，用于丰富视频内容并增强动态感，如表 7-3 所示。

表 7-3　描述词中的动作和情感描述

类别	动作和情感描述示例	
人物动作	行走	人物在繁忙的街道上快步行走，或是在宁静的森林小径上悠闲漫步
	踏雪	在冬日的雪地中，人物的每一步都留下深深的足迹，呼出的气息在冷空气中形成白雾
	探索	人物以好奇的眼光观察周围环境，或是在未知的领域中小心翼翼地前行
动物活动	奔跑	野生动物在广阔的草原上自由奔跑，展示它们的速度和力量
	觅食	鸟类在森林中轻巧地跳跃，寻找食物，或是鱼儿在水中灵活地游动觅食
	嬉戏	海豚在海浪中欢快地跳跃，或是小狗在草地上追逐
物体动态	拍打海浪	海浪不断拍打着岸边的岩石，发出响亮而节奏感强烈的声响
	旋转	山顶的风车在微风中缓缓旋转，或是摩天轮在夜幕下闪烁着灯光
	飘动	旗帜在风中飘扬，或是落叶在秋风中缓缓飘落
特定活动	跳舞	人物在舞会上随着音乐的节奏优雅起舞，或是在街头随着节拍自由舞动
	运动	运动员在赛场上挥洒汗水，进行激烈的比赛，或是在健身房中进行力量训练
	工作	工匠在工作室里精心制作艺术品，或是农民在田野里辛勤耕种
情感表达	欢笑	孩子们在游乐场上欢笑玩耍，或是朋友们在聚会中开心交谈
	沉思	人物在安静的图书馆内沉思阅读，或是在夜晚的阳台上凝望星空
情感氛围	情感基调	视频传达的情感可以是温馨、紧张、神秘或激励人心
	氛围营造	通过音乐、声音效果和视觉元素共同营造特定的氛围
环境互动	与自然互动	人物在花园中与蝴蝶共舞，或是在山涧中与溪水嬉戏
	与城市互动	人物在城市中穿梭，与不同的建筑和环境互动，体验城市的活力

通过这些详细的动作和情感描述，AI 能够生成具有丰富动态元素的视频，能够讲述一个个生动而真实的故事，让观众感受到场景的活力和情感。这样的视频不仅为观众创造视觉上的享受，更能引起他们情感上的共鸣。通过这种描述方式，AI 能够为用户提供一种高度动态和情感丰富的视频创作体验，无论是用于讲述故事、记录生活，还是展示产品，都能够创造出具有吸引力和感染力的视频作品。

例如，下面这段 AI 视频中，枫叶随风舞动的动态场景与暖色调的画面相结合，营造出一种温馨而又略带忧伤的秋日氛围，如图 7-16 所示。

扫码看效果

图 7-16　效果展示

下面介绍通过描述动作与情感来生成视频的操作方法。

01　进入“视频生成”页面，切换至“文本生视频”选项卡，输入描述词，用于指导 AI 生成特定的视频，如图 7-17 所示。

图 7-17　输入描述词

02　单击“生成视频”按钮，即可开始生成视频，并显示生成进度，如图 7-18 所示。

03　稍等片刻，即可生成相应的视频效果，单击播放按钮▶，如图 7-19 所示，或者将鼠标指针移至视频预览窗口中，即可播放视频。

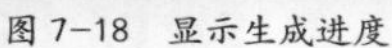

图 7-18　显示生成进度

图 7-19　单击播放按钮

专家提醒

在 AI 视频的描述词中，可以加入对情感氛围的描述，如浪漫、神秘、紧张或宁静，这有助于 AI 在视频的色调上做出相应的调整。色彩在视频中起着至关重要的作用，描述词可以指定主要的色彩方案，如暖色调的日落场景或冷色调的冬夜城市。

光线可以极大地影响视频的观感，描述词可以指导 AI 使用特定的光线效果。例如，用逆光可以突出轮廓，或用侧光增加深度和质感。

视频场景中的动态元素，如行走的人群、飘动的旗帜或飞翔的鸟群，都可以通过描述词来设定，以增加视频的活力和真实感。不过，如果描述的细节太多，AI 可能会忽视某些元素，如上面的视频中就没有出现“枫叶在空中旋转、飘舞的优雅姿态”这个场景。

另外，描述词还可以包含叙事元素，如场景中发生的事件、角色之间的对话或特定的情节发展，这些都是构建视频叙事结构的关键。

7.1.5　技术和风格

扫码看视频

在 AI 视频的生成过程中，描述词不仅定义了视频的内容和主题，还决定了视频的技术和风格，从而影响最终的视觉呈现和观众的感受。

在 AI 视频的描述词中，用户可以细致地指定各种摄影视角和技巧，这些选择将极大地增强场景的吸引力和视觉冲击力。下面是一些可用于增强视频吸引力的技术和风格描述词，如表 7-4 所示。

表 7-4　技术和风格描述词

类别	技术和风格描述示例	
摄影视角和技巧	低相机视角	通过将相机置于低处，创造出宏伟壮观的视觉效果，强调主体的高大和力量
	无人机拍摄	利用无人机从空中捕捉场景，提供宽阔的视角和令人震撼的航拍画面
	广角拍摄	使用广角镜头捕捉更广阔的视野，增加场景的深度和空间感
	高动态范围	通过 HDR(High Dynamic Range) 技术，增强画面的明暗细节，使色彩更加丰富，对比更加鲜明

（续表）

类别	技术和风格描述示例	
分辨率和帧率	高分辨率	指定视频的分辨率，如 4K 或 8K，以确保图像的极致清晰度和细节表现力
	高帧率	设定视频的帧率，如 60FPS 或更高，以获得流畅的动态效果，特别适合动作场面和需要慢动作回放的场景
摄影技术	创意摄影	采用创意摄影技术，比如使用慢动作来强调情感瞬间，或延时摄影来展示时间的流逝
	全景拍摄	利用 360 度全景拍摄技术，为观众提供沉浸式的视频体验，尤其适用于自然景观和大型活动
	运动跟踪	使用运动跟踪摄影技术，捕捉快速移动物体的清晰画面，适用于体育赛事或动作场景
	景深控制	通过控制景深，创造不同的视觉效果，如浅景深突出主体，或大景深展现环境
艺术风格	3D 与现实结合	融合 3D 动画和实景拍摄，创造既真实又梦幻的视觉效果
	35 毫米胶片拍摄	模仿传统 35 毫米胶片的质感和色彩，为视频带来复古和文艺的气息
	动画	采用动画技术，如 2D 或 3D 动画，为视频增添无限的想象空间和创意表达
特效风格	电影风格	应用电影级别的色彩分级和调色，使视频具有专业和戏剧性的外观
	抽象艺术	使用抽象的视觉元素和动态效果，创造引人入胜的艺术作品
	未来主义	通过前卫的特效和设计，展现未来世界的科技感和创新精神
后期处理	色彩校正	进行专业的色彩校正，以确保视频色彩的真实性和视觉冲击力，增强情感表达
	特效添加	根据视频内容和风格，添加适当的视觉特效，如粒子效果、镜头光晕或动态背景，以增强视觉效果
	节奏控制	根据视频的节奏和情感变化，运用剪辑技巧，如跳切、交叉剪辑或慢动作重放，以增强叙事动力

专家提醒

4K 是一种分辨率标准，通常指的是 3840×2160，这种分辨率是 HD 的 4 倍，能够提供非常清晰的图像质量。8K 是比 4K 级别更高的分辨率标准，分辨率为 7680×4320，它提供了更细腻的图像细节和更广阔的色域。

帧率 (Frame Rate) 指的是视频每秒钟显示的静止图像（帧）的数量，通常以 FPS(Frames Per Second，每秒帧数）为单位。常见的帧率有 24FPS、30FPS、60FPS 等。帧率越高，视频看起来越流畅。

慢动作是一种摄影技术，通过增加帧率（超过标准播放速率）来捕捉动作，然后在正常或较慢的速率下播放，从而产生动作放慢的效果，这常用于强调情感瞬间或详细展示快速动作。延时摄影是一种将时间压缩的拍摄技术，通过长时间拍摄场景，然后以较快的速率播放这些画面，以展示云的移动、植物的生长等通常肉眼难以察觉的缓慢变化过程。

通过这些详细的技术和风格描述词，AI 能够生成具有高度创意和专业水准的视频内容，满足用户的艺术愿景，并为观众带来引人入胜的视觉体验。

例如，下面这段 AI 视频中，通过多种摄影技术和创意手法，如“延时摄影”“广角拍摄”“全景拍摄”“镜头光晕”等，讲述了一个关于自然之美和时间流逝的故事，效果如图 7-20 所示。

扫码看效果

图 7-20　效果展示

下面介绍通过描述技术和风格来生成视频的操作方法。

01 进入“视频生成”页面，切换至“文本生视频”选项卡，输入描述词，用于指导 AI 生成特定的视频，如图 7-21 所示。

图 7-21　输入描述词

02　单击“生成视频”按钮，即可开始生成视频，并显示生成进度，如图 7-22 所示。

03　稍等片刻，即可生成相应的视频效果，单击“重新编辑”按钮，如图 7-23 所示，可以对描述词和生成参数进行修改，从而生成更符合用户期望的视频效果。

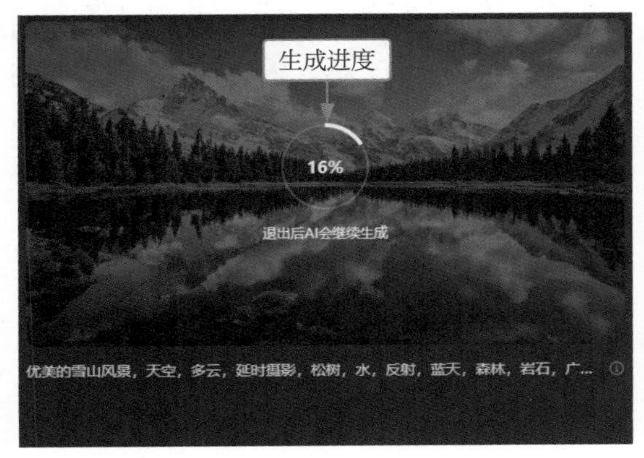

图 7-22　显示生成进度

图 7-23　单击“重新编辑”按钮

7.2　设置文生视频的比例

在“视频生成”页面的“文本生视频”选项卡中，用户可以根据自己的需求设置视频比例。视频的比例参数是预先设定好的，主要包括 3 种类型：横幅视频、方幅视频和竖幅视频。

用户在输入视频的描述文字后，可以根据视频内容和目标发布平台的特点，选择合适的视频比例。横幅视频适用于传统的宽屏观看体验，方幅视频则适合社交媒体平台，而竖幅视频则迎合了移动设备上的观看习惯。

7.2.1　生成横幅视频

扫码看视频

横幅视频，通常指的是具有横向宽屏比例的视频格式，这种格式的视频在视觉上能够提供更宽广的视野和更丰富的场景内容。横幅视频的预设参数主要包括 16:9 和 4:3 两种，非常适合展示场景的深度和宽度，适用于叙事性内容，如电影、电视剧和纪录片。横幅视频的比例更符合人眼的视觉习惯，观看时可以减少头部转动，提供更舒适的观看体验。

例如，16:9 是被广泛采用的视频标准，这种比例的横幅视频在各种设备上的兼容性较好，包括电视、电脑、平板和智能手机。如果视频内容是风景或者需要展示宽广视野的场景，横幅视频可能是最佳选择，效果如图 7-24 所示。

图 7-24　效果展示

扫码看效果

下面介绍生成横幅视频的操作方法。

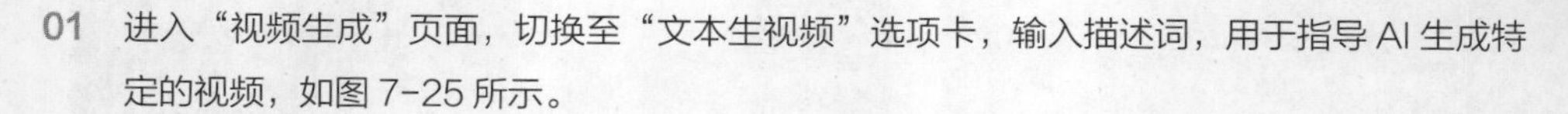

01　进入“视频生成”页面，切换至“文本生视频”选项卡，输入描述词，用于指导 AI 生成特定的视频，如图 7-25 所示。

02　展开“视频设置”选项区，默认选择的是 16:9 的视频比例，将“运动速度”调整为“快速”，如图 7-26 所示，增加视频的节奏感和紧迫感。

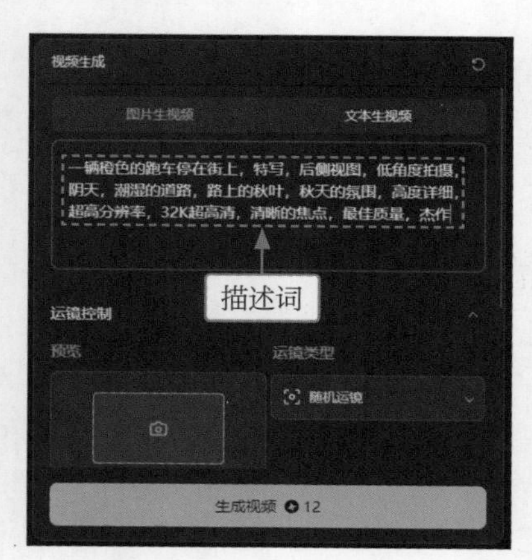

图 7-25　输入描述词

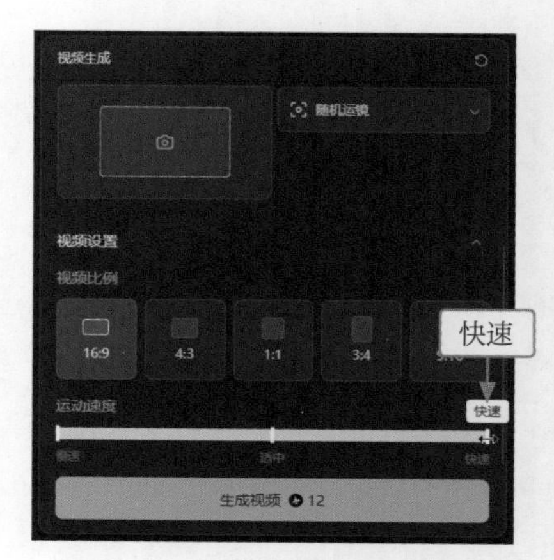

图 7-26　设置“运动速度”选项

03　单击“生成视频”按钮，即可开始生成视频，并显示生成进度，如图 7-27 所示。

04　稍等片刻，即可生成横幅视频，效果如图 7-28 所示。

图 7-27　显示生成进度

图 7-28　生成横幅视频

7.2.2　生成方幅视频

扫码看视频

方幅视频的宽度和高度相等，比例为 1:1，形成一个完美的正方形，这种对称性在视觉上非常吸引人。方幅视频的框架限制了画面的宽度，迫使观众的注意力集中在画面中心，有助于突出主题和细节。

许多社交媒体平台，如 Instagram 和 TikTok，都支持方幅视频，并且这种格式的视频在平台中的表现效果良好。方幅视频使观众的视角更接近画面中心，可以创造出一种亲密和个人化的观看体验。

同时，方幅视频非常适合展示产品细节，常用于电子商务和产品营销。例如，使用方幅视频可以很好地展现产品的全貌，让潜在买家能够从各个角度清晰地看到产品的特点，效果如图 7-29 所示。

扫码看效果

图 7-29　效果展示

专家提醒

从上述视频效果中可以观察到，即梦生成的 AI 视频在保持场景元素一致性方面仍需进一步优化。尽管产品的主要轮廓在视频中保持了相对稳定，但在镜头的转动过程中，花朵数量的不一致性显得尤为突出。对于这类问题，可以进一步优化 AI 算法，提高对场景元素一致性的识别和保持能力，确保在镜头运动过程中场景元素的连贯性。

下面介绍生成方幅视频的操作方法。

01 进入“视频生成”页面，切换至“文本生视频”选项卡，输入描述词，用于指导 AI 生成特定的视频，如图 7-30 所示。

02 展开“视频设置”选项区，设置“视频比例”为 1:1，如图 7-31 所示，让 AI 生成方幅视频。

图 7-30　输入描述词

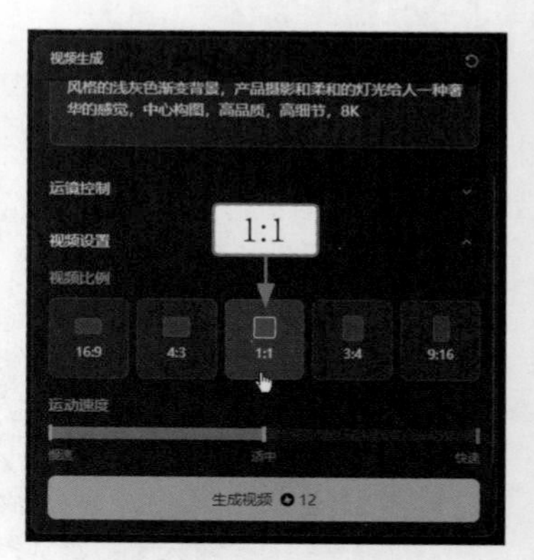

图 7-31　选择 1:1 选项

03 单击“生成视频”按钮，即可开始生成视频，并显示生成进度，如图 7-32 所示。

04 稍等片刻，即可生成方幅视频，效果如图 7-33 所示。

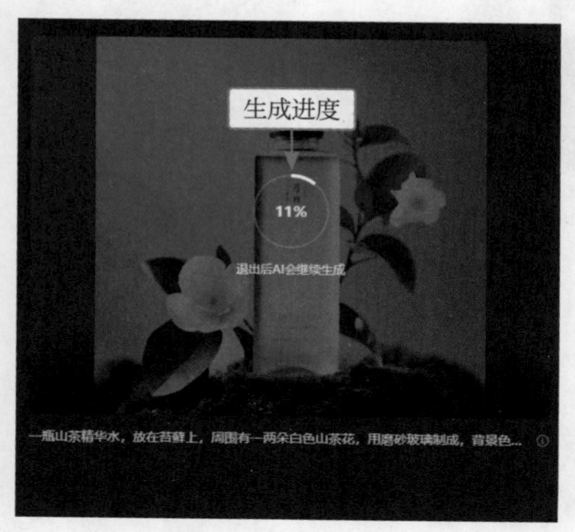

图 7-32　显示生成进度

图 7-33　生成方幅视频

专家提醒

在产品演示中，方幅视频可以展示如何使用产品，通过近距离的操作演示，买家可以直观地了解产品的使用方法和优势。方幅视频也是讲述品牌故事的好方式，通过集中的视觉焦点，可以有效传达品牌理念、价值观和产品背后的故事。

7.2.3　生成竖幅视频

扫码看视频

竖幅视频的高度大于宽度，常见的比例有 3:4、9:16 等，这与传统的横幅视频相反。

竖幅视频通常应用于智能手机和移动设备上，人们通常以竖屏模式持握和操作这些设备。下面是竖幅视频的主要特点。

❶ 集中的视觉焦点：由于屏幕较窄，竖幅视频能够将观众的注意力集中在画面的垂直中心线上，有助于突出主体和细节。

❷ 社交媒体友好：许多社交媒体平台，如抖音、快手和 TikTok 等，都支持竖幅视频，并经常优先展示这种格式的内容。

❸ 适合个人化内容：竖幅视频非常适合展示个人化的内容，如 Vlog、个人故事、教程和生活记录。

❹ 交互性强：由于竖屏模式下用户可以单手操作设备，竖幅视频可以提供更便捷的交互体验，适合快速浏览和切换内容。

❺ 垂直广告：竖幅视频也常用在移动设备的广告上，能够更有效地吸引用户的注意力，尤其是在用户滚动浏览内容时。

❻ 沉浸式体验：在手机等移动设备上，竖幅视频提供了一种沉浸式的观看体验，观众可以更直接地与内容互动。

❼ 故事叙述：竖幅视频适合叙述故事，特别是当故事内容围绕个人或小规模场景展开时。

❽ 展示细节：竖幅视频能够突出展示垂直方向上的细节，如建筑物的高度、树木的挺拔或人物的全身像。

❾ 创新构图：竖幅视频鼓励用户采用创新的构图技巧，以适应垂直的视觉空间。

例如，使用竖幅视频可以很好地展示城市建筑景观，尤其是在展示摩天大楼或高耸的地标性建筑时，不仅能够体现城市建筑的宏伟和美丽，而且可以呈现出城市的规模和繁华景象，效果如图 7-34 所示。

扫码看效果

图 7-34　效果展示

下面介绍生成竖幅视频的操作方法。

01 进入“视频生成”页面，切换至“文本生视频”选项卡，输入描述词，用于指导 AI 生成特定的视频，如图 7-35 所示。

02 展开“视频设置”选项区，设置“视频比例”为 9:16，如图 7-36 所示，让 AI 生成竖幅视频。

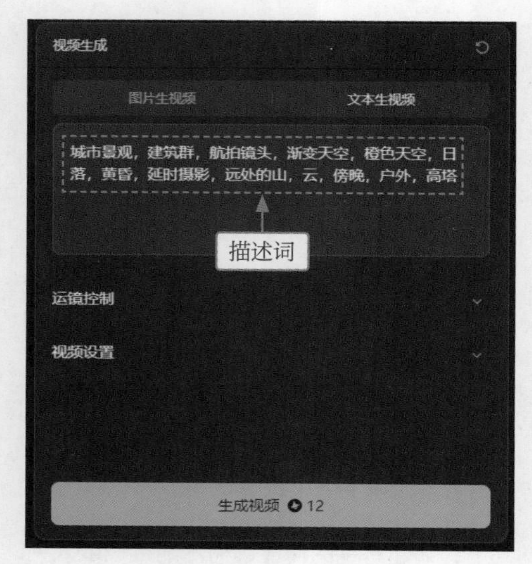

图 7-35 输入描述词

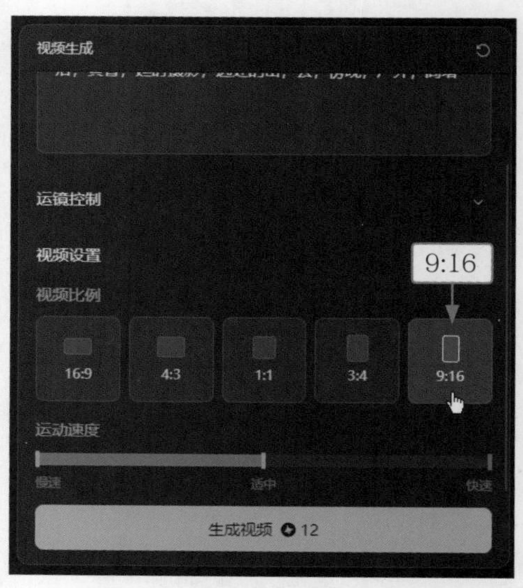

图 7-36 选择 9:16 选项

03 单击“生成视频”按钮，即可开始生成视频，并显示生成进度，如图 7-37 所示。

04 稍等片刻，即可生成竖幅视频，效果如图 7-38 所示。

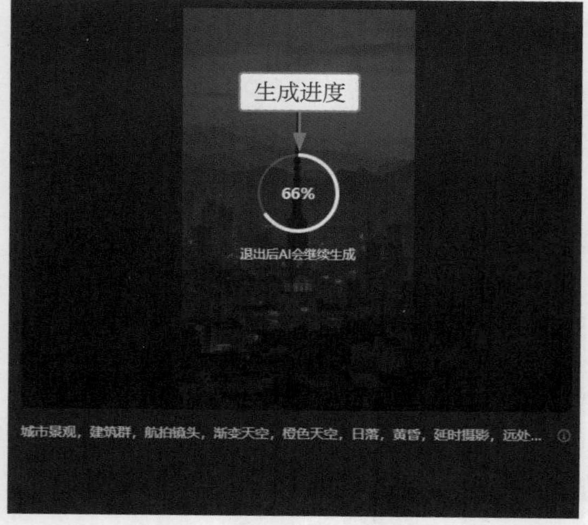

图 7-37 显示生成进度

图 7-38 生成竖幅视频

第 8 章
图生视频：将图像转化为动态视频的技巧

在数字媒体和内容创作的世界里，AI 视频生成技术正以其革命性的力量，改变着我们对视觉叙事的理解。本章将深入探讨即梦的图生视频功能，为大家展示如何利用人工智能技术，将静态图像转化为生动的视频内容。

8.1 图生视频的 3 种方式

随着人工智能技术的飞速发展，将静态图像转化为动态视频的艺术创作方式正变得日益丰富和容易。现在有多种方法来实现这一创造性的转换。本节主要介绍即梦平台上的 3 种图生视频方式，包括单图快速实现图生视频、图文结合实现图生视频，以及使用尾帧实现图生视频。

8.1.1 单图快速实现图生视频

扫码看视频

单图快速实现图生视频是一种高效的 AI 视频生成技术，它支持用户仅通过一张静态图片就能够迅速生成视频内容。这种方法非常适合需要快速制作动态视觉效果的场合，无论是社交媒体的短视频，还是在线广告的快速展示，都能轻松实现。

例如，下面是根据一张蝴蝶图片生成的 AI 视频，其中蝴蝶在花丛中翩翩起舞，翅膀随着微风轻轻扇动，效果如图 8-1 所示。

扫码看效果

图 8-1 效果展示

下面介绍通过单图快速实现图生视频的操作方法。

01 进入“视频生成”页面，默认为“图片生视频”选项卡，单击“上传图片”按钮，如图 8-2 所示。

02 执行操作后，弹出“打开”对话框，选择参考图，如图 8-3 所示。

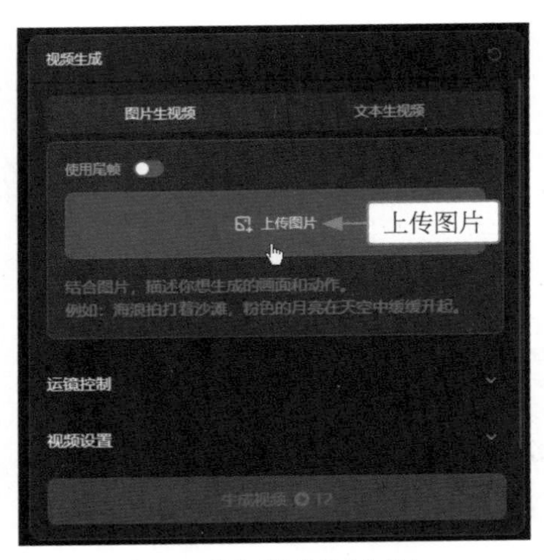

图 8-2　单击“上传图片”按钮

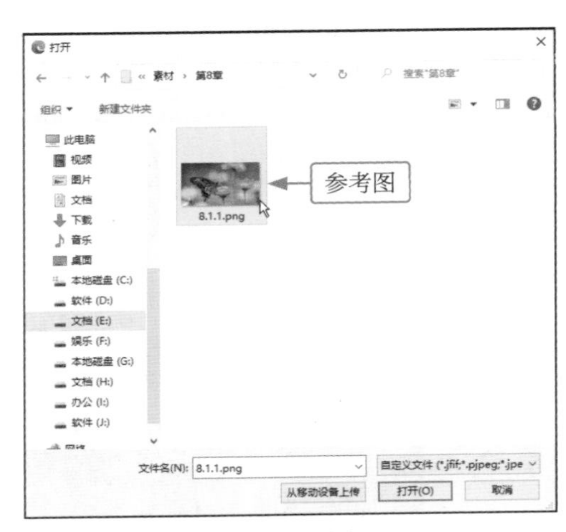

图 8-3　选择参考图

03　单击“打开”按钮，即可上传参考图，如图 8-4 所示。

04　展开“视频设置”选项区，设置“运动速度”为“慢速”，如图 8-5 所示，可以让观众更清楚地看到视频的细节，增加视觉冲击力。

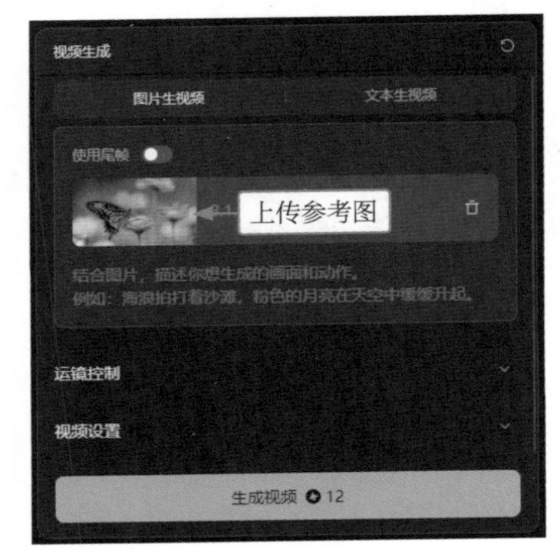

图 8-4　上传参考图

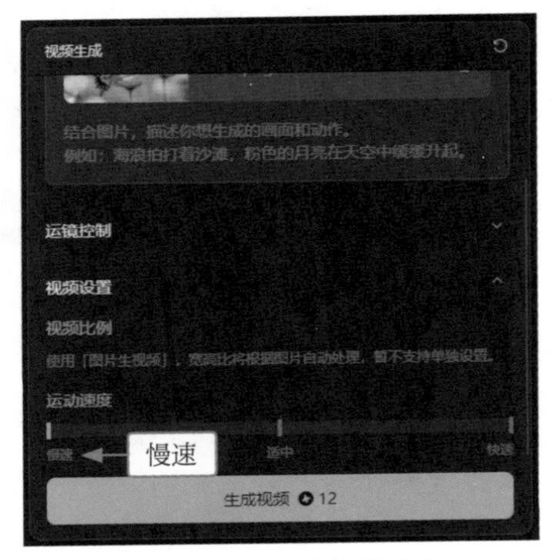

图 8-5　设置“运动速度”选项

05　单击“生成视频”按钮，即可开始生成视频，并显示生成进度，如图 8-6 所示。

06　稍等片刻，即可生成相应的视频，效果如图 8-7 所示。

图 8-6　显示生成进度

图 8-7　单图生成视频

8.1.2 图文结合实现图生视频

图文结合实现图生视频是一种更为综合的创作方式，它不仅利用了图像的视觉元素，还结合了文字描述来增强视频的叙事性和表现力。这种方法为用户提供了更大的创作自由度，使他们能够通过文字引导 AI 生成更加丰富和个性化的视频内容，效果如图 8-8 所示。

扫码看视频

扫码看效果

图 8-8 效果展示

下面介绍通过图文结合实现图生视频的操作方法。

01 进入“视频生成”页面中的“图片生视频”选项卡，单击“上传图片”按钮，弹出“打开”对话框，选择参考图，如图 8-9 所示。

02 单击“打开”按钮，即可上传参考图，输入描述词，用于指导 AI 生成特定的视频，如图 8-10 所示。

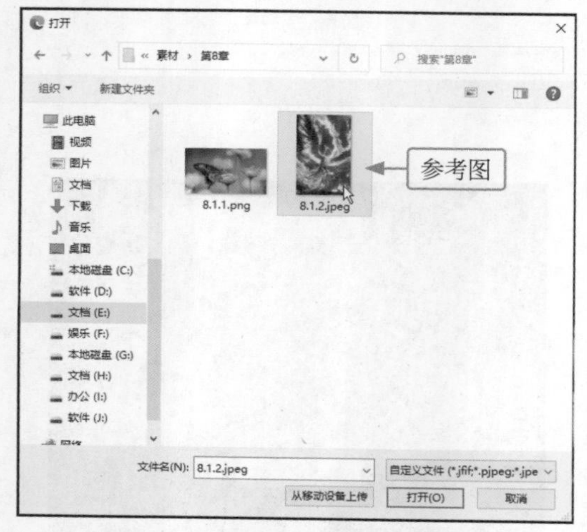

图 8-9 选择参考图

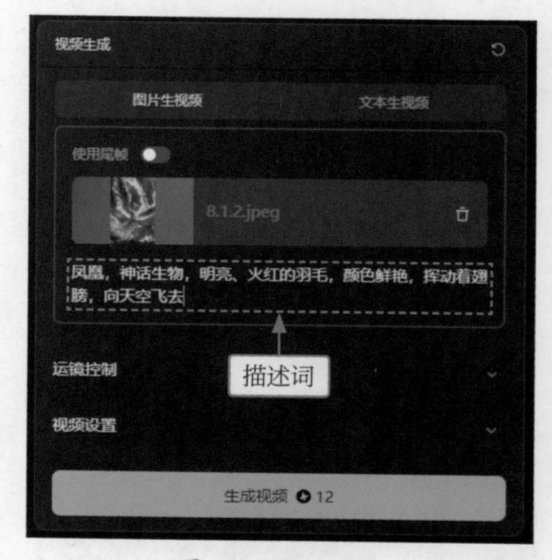

图 8-10 输入描述词

03　单击“生成视频”按钮，即可开始生成视频，并显示生成进度，如图 8-11 所示。

04　稍等片刻，即可生成相应的视频，效果如图 8-12 所示。

图 8-11　显示生成进度

图 8-12　图文结合生成的视频

8.1.3　使用尾帧实现图生视频

扫码看视频

使用尾帧实现图生视频是一种高级技术，它通过定义视频的起始帧（即首帧）和结束帧（即尾帧），让 AI 在两者之间生成平滑的过渡和动态效果。这种方法为用户提供了精细控制视频动态过程的能力，尤其适合制作复杂的视频，效果如图 8-13 所示。

扫码看效果

图 8-13　效果展示

下面介绍使用尾帧实现图生视频的操作方法。

01 进入“视频生成”页面的“图片生视频”选项卡，单击“上传图片”按钮，弹出“打开”对话框，选择参考图，如图 8-14 所示。

02 单击“打开”按钮，即可上传参考图，如图 8-15 所示，作为 AI 视频的起始帧。

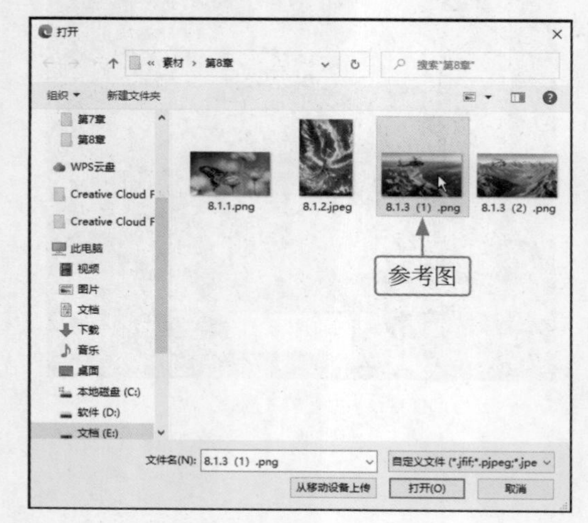

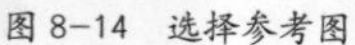
图 8-14 选择参考图

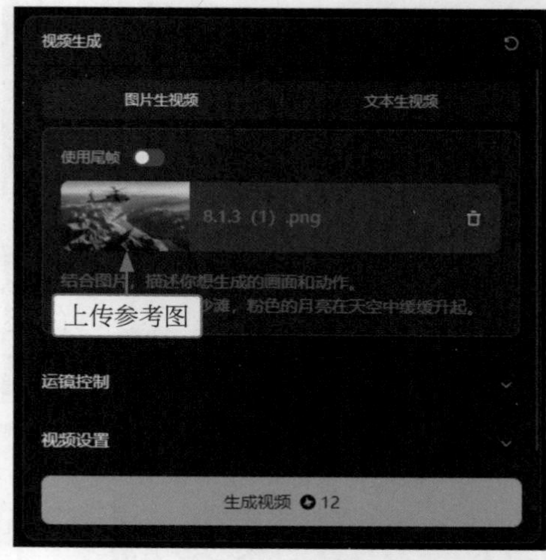

图 8-15 上传参考图

03 开启“使用尾帧”功能，如图 8-16 所示，尾帧允许用户精确定义视频结束时的确切画面，实现对视频最终视觉效果的完全控制。

04 单击“上传尾帧图片”按钮，如图 8-17 所示，上传一张参考图，作为 AI 视频的结束帧。

图 8-16 开启“使用尾帧”功能

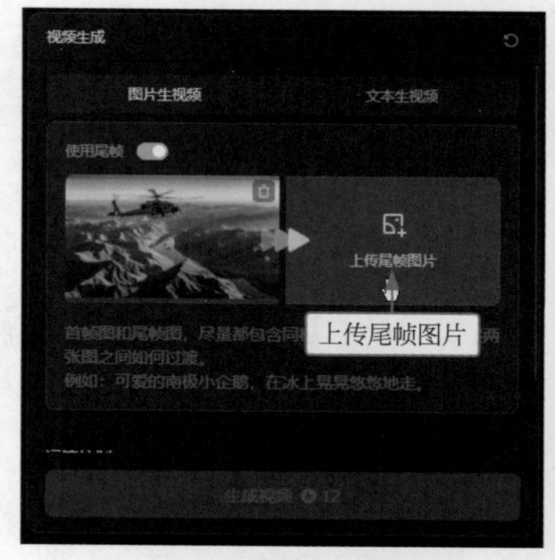

图 8-17 单击“上传尾帧图片”按钮

专家提醒

在即梦平台中，尾帧可以与起始帧配合使用，让 AI 自动生成中间帧，从而简化视频动画的制作流程。同时，使用尾帧可以创建平滑的过渡效果，比如物体从画面的一边移动到另一边，或者场景的变化。

另外，在叙述故事的视频中，尾帧可用来设置一个戏剧性的结尾，为故事提供一个强烈的视觉冲击力。在视觉效果丰富且密集的视频中，尾帧能够巧妙地促成复杂而流畅的视频转变，如爆炸、烟雾消散等。

05 输入描述词，用于指导 AI 生成特定的视频，如图 8-18 所示。

06 展开“视频设置”选项区，设置“运动速度”为“快速”，如图 8-19 所示，快速的运动镜头可以为视频增加一种紧迫感，同时为观众带来更震撼的观看体验。

图 8-18　输入描述词

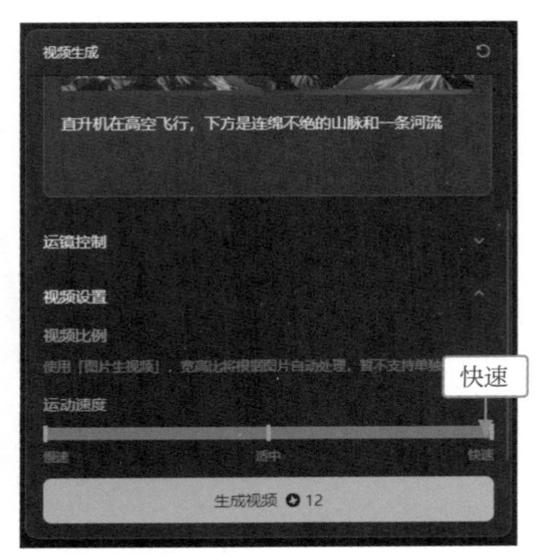

图 8-19　设置“运动速度”选项

07 单击“生成视频”按钮，即可开始生成视频，并显示生成进度，如图 8-20 所示。

08 稍等片刻，即可生成相应的视频效果，如图 8-21 所示。

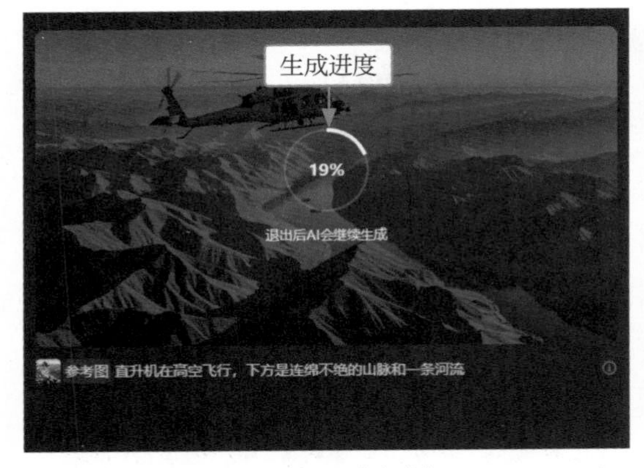

图 8-20　显示生成进度

图 8-21　尾帧生成的视频

8.2　设置视频的运镜类型

在视频制作中，运镜是讲述故事和引导观众视线的重要方法。运镜不仅决定了视频的视觉风格，还能显著影响观众的情感反应和对内容的理解。从平滑的推拉镜头到动态的旋转镜头，每一种运镜方式都能为视频注入独特的生命力。本节将深入介绍在即梦平台上生成 AI 视频时设置运镜类型的方法，从而提升视频的动态表现力和情感深度。

8.2.1 随机运镜

随机运镜是指在视频拍摄或制作过程中，镜头的运动不是按照预先设定的路径或模式进行，而是根据一定的概率或随机性原则来决定镜头的方向、速度和类型。随机运镜可以为视频增添一种不可预测性和自然感，有时也用来模拟真实世界中人们视线的自然移动或反应，效果如图 8-22 所示。

扫码看视频

扫码看效果

图 8-22 效果展示

下面介绍使用随机运镜方式生成视频的操作方法。

01 进入“视频生成”页面的“图片生视频”选项卡，单击“上传图片”按钮，弹出“打开”对话框，选择参考图，如图 8-23 所示。

02 单击“打开”按钮，即可上传参考图，输入描述词，用于指导 AI 生成特定的视频，如图 8-24 所示。

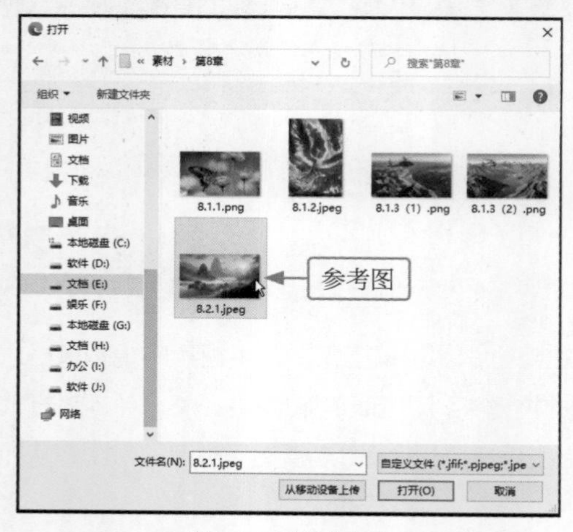

图 8-23 选择参考图

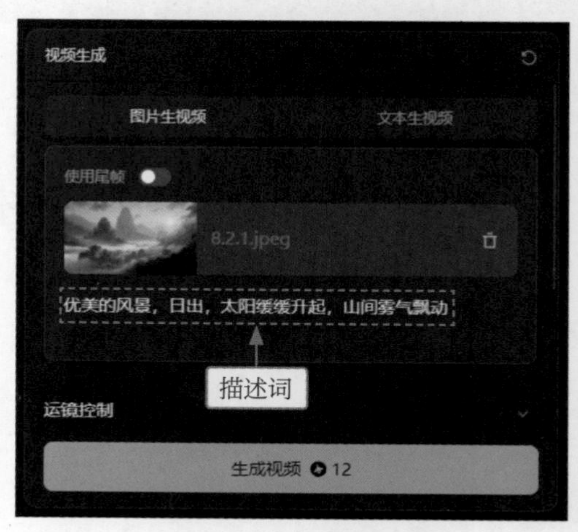

图 8-24 输入描述词

03 展开“运镜控制”选项区，在“运镜类型”列表框中选择“随机运镜”选项，如图 8-25 所示。

04 展开“视频设置”选项区，设置“运动速度”为“慢速”，如图 8-26 所示，放慢视频中各元素的动作幅度。

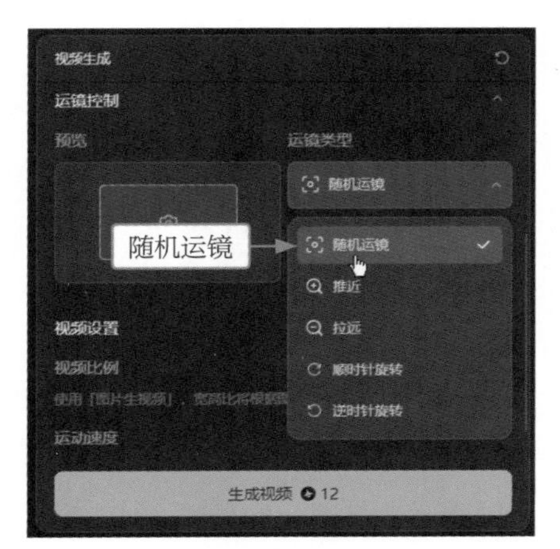

图 8-25　选择“随机运镜”选项

图 8-26　设置“运动速度”选项

专家提醒

随机运镜提供了巨大的创造性空间，用户可以利用这种技术创造出独特的视觉效果。由于镜头运动的随机性，观众无法预测下一个镜头将会如何变化，这种不确定性极大地增添了悬念，引起观众的兴趣。

在某些情况下，随机运镜可以更好地模拟现实世界中人们观察事物的方式，因为人类的注意力转移往往是随机和无规律的。

05 单击“生成视频”按钮，即可开始生成视频，并显示生成进度，如图 8-27 所示。

06 稍等片刻，即可生成相应的视频，效果如图 8-28 所示。

图 8-27　显示生成进度

图 8-28　生成随机运镜视频

8.2.2　推近运镜

扫码看视频

推近运镜是一种在视频制作中广泛使用的技巧，它通过将镜头逐渐向拍摄对象靠近，使得画面的取景范围逐渐缩小，对象在画面中逐渐放大。推近运镜能够引导观众的视线，从宽阔的场景聚焦到特定的细节或人物，让观众更深入地感受到角色的内心世界，同时增强情感氛围的表现力，效果如图 8-29 所示。

图 8-29 效果展示

下面介绍使用推近运镜方式生成视频的操作方法。

01 进入“视频生成”页面的“图片生视频”选项卡，单击“上传图片”按钮，弹出“打开”对话框，选择参考图，如图 8-30 所示。

02 单击“打开”按钮，即可上传参考图，输入描述词，用于指导 AI 生成特定的视频，如图 8-31 所示。

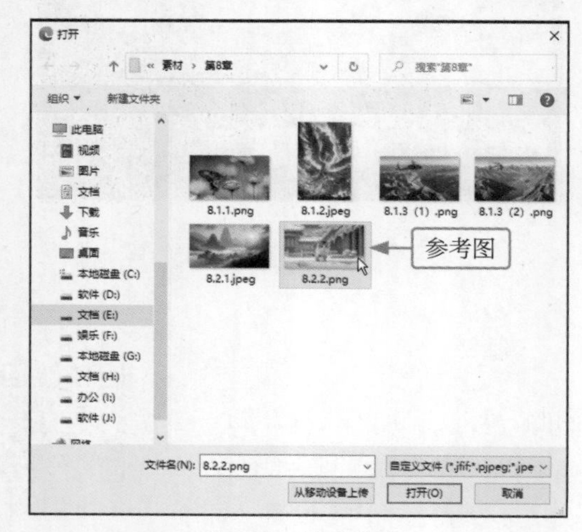

图 8-30 选择参考图

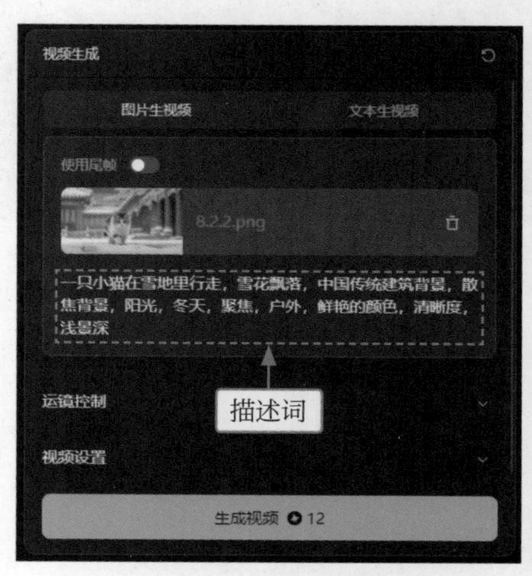

图 8-31 输入描述词

03 展开“运镜控制”选项区，在“运镜类型”列表框中选择“推近”选项，如图 8-32 所示。

04 展开“视频设置”选项区，设置“运动速度”为“慢速”，如图 8-33 所示，放慢视频中各元素的动作幅度。

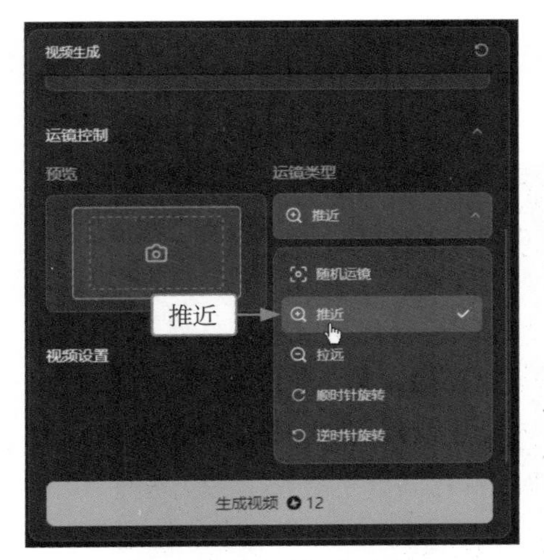

图 8-32　选择“推近”选项

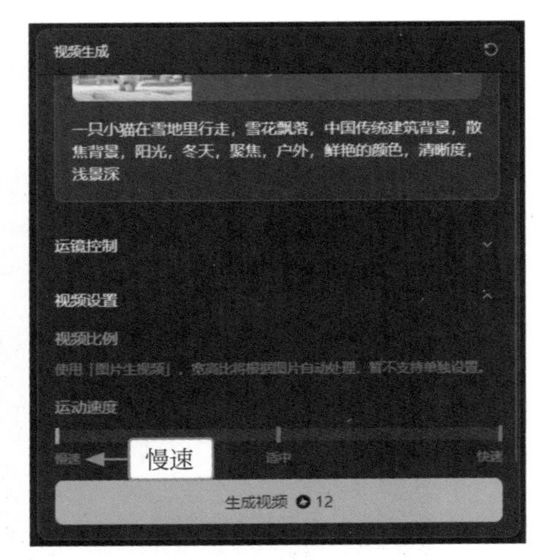

图 8-33　设置“运动速度”选项

专家提醒

推近运镜通过逐步减少画面的取景范围，将观众的注意力集中到画面的主体上。随着次要元素逐渐移出画面，主要对象逐渐占据视觉中心，从而突出主体人物或重点形象。这种形式上的接近不仅能够引导观众的视线，还通过画面结构的中心位置给予观众一个鲜明的视觉印象。

05 单击“生成视频”按钮，即可开始生成视频，并显示生成进度，如图 8-34 所示。

06 稍等片刻，即可生成相应的视频，效果如图 8-35 所示。

图 8-34　显示生成进度

图 8-35　生成推近运镜视频

专家提醒

推近运镜能够从较大的画面范围开始，逐渐聚焦到某个细节，通过这种视觉变化引导观众注意到这一细节。推近运镜弥补了单一特写画面的不足，使观众能够看到整体与细节的关系。

另外，推近运镜还能够在一个连续的镜头中实现景别的不断变化，保持了画面时空的统一和连贯性，避免了蒙太奇组接可能带来的画面时空转换的断裂感。

8.2.3　拉远运镜

扫码看视频

拉远运镜是指镜头逐渐远离拍摄对象，或者通过改变镜头焦距来增加与拍摄对象的距离，从而在视觉上创造出一种从主体向背景或环境扩展的效果。拉远运镜可以让镜头形成视觉上的后移效果，帮助观众理解主体与环境之间的关系，效果如图 8-36 所示。

扫码看效果

图 8-36　效果展示

下面介绍使用拉远运镜方式生成视频的操作方法。

01　进入“视频生成”页面的“图片生视频”选项卡，单击“上传图片”按钮，弹出“打开”对话框，选择参考图，如图 8-37 所示。

02　单击“打开”按钮，即可上传参考图，输入描述词，用于指导 AI 生成特定的视频，如图 8-38 所示。

图 8-37　选择参考图

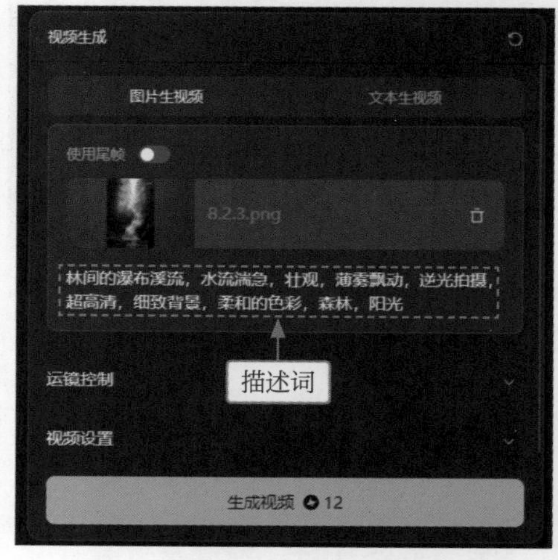

图 8-38　输入描述词

03 展开“运镜控制”选项区，在“运镜类型”列表框中选择“拉远”选项，如图 8-39 所示。

04 展开“视频设置”选项区，设置“运动速度”为“快速”，如图 8-40 所示，快速的拉镜头可能会带来突然的变化或强调某种特定的效果。

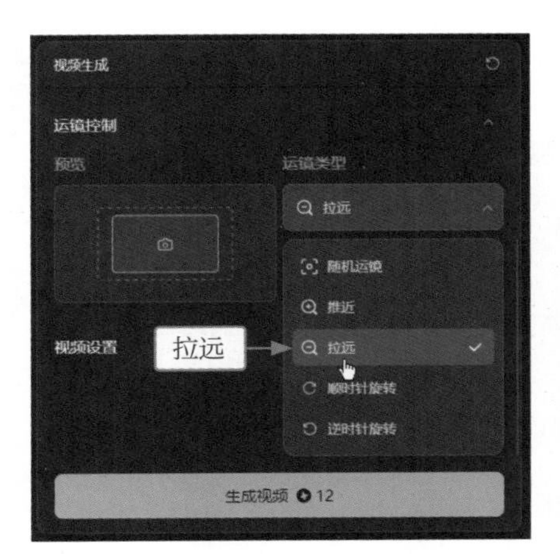

图 8-39　选择“拉远”选项

图 8-40　设置“运动速度”选项

专家提醒

拉远运镜有助于展示主体周围的环境，由小变大，让观众看到更广阔的场景。拉远运镜可以更好地表现主体与其环境的空间关系，有助于观众对场景空间的感知。拉远运镜还可以产生特定的情感反应，如距离感、孤独感或解脱感，这取决于场景的内容。

05 单击“生成视频”按钮，即可开始生成视频，并显示生成进度，如图 8-41 所示。

06 稍等片刻，即可生成相应的视频，效果如图 8-42 所示。

图 8-41　显示生成进度

图 8-42　生成拉远运镜视频

专家提醒

拉远运镜是一种非常灵活的视频拍摄手法，能够根据导演的创作意图和故事叙述的需要，创造出丰富的视觉效果和情感表达。拉远运镜还可以用作场景转换的手段，通过拉出当前场景到另一个完全不同的环境或时间点。另外，拉远运镜常被用作结束性和结论性的镜头，为场景或故事段落提供一个总结性的视觉效果。

8.2.4 顺时针旋转运镜

顺时针旋转运镜是指镜头绕着一个中心点或轴进行顺时针方向的旋转，可以创造出动态的视觉流动效果，通常用于增强场景的情感氛围或强调某种特定的主题，可以显著提升视频的视觉质量和叙事效果，如图 8-43 所示。

扫码看视频

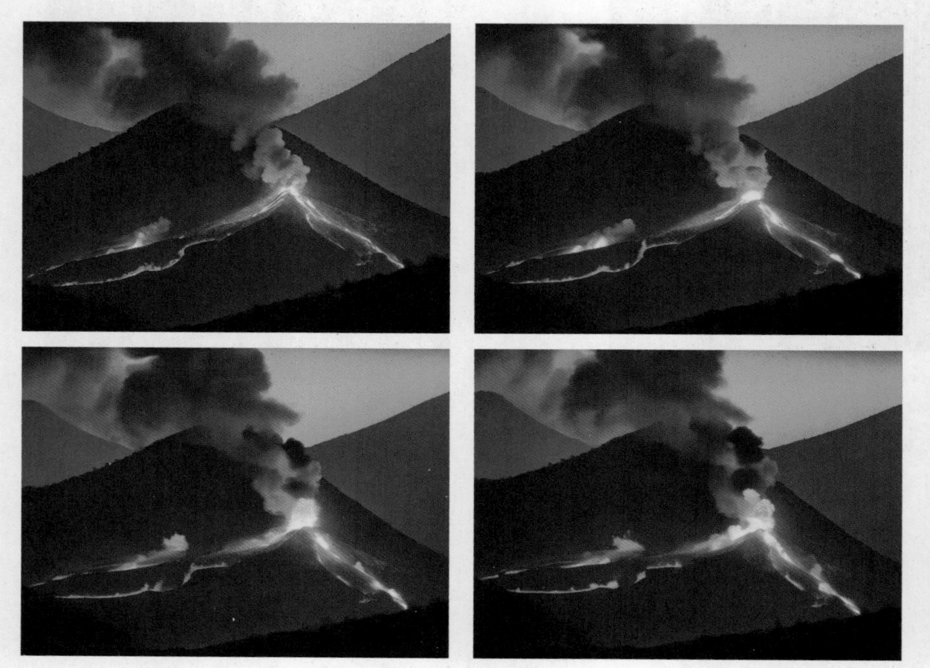

扫码看效果

图 8-43　效果展示

下面介绍使用顺时针旋转运镜方式生成视频的操作方法。

01 进入“视频生成”页面的“图片生视频”选项卡，单击“上传图片”按钮，弹出“打开”对话框，选择参考图，如图 8-44 所示。

02 单击“打开”按钮，即可上传参考图，输入描述词，用于指导 AI 生成特定的视频，如图 8-45 所示。

图 8-44　选择参考图

图 8-45　输入描述词

03 展开“运镜控制”选项区，在“运镜类型”列表框中选择“顺时针旋转”选项，如图 8-46 所示。

04 展开“视频设置”选项区，设置“运动速度”为“慢速”，如图 8-47 所示，通过慢速顺时针旋转，可以突出场景中的某个中心点，使观众的注意力逐渐集中到这一点上。

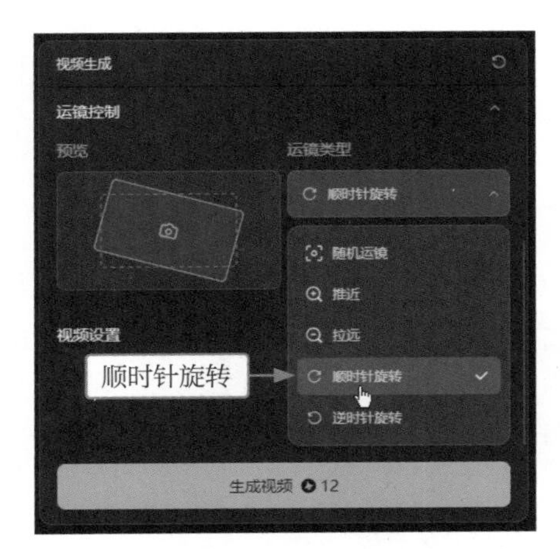

图 8-46　选择“顺时针旋转”选项

图 8-47　设置“运动速度”选项

专家提醒

与快速旋转镜头相比，慢速旋转镜头提供了一种更为平衡的视觉体验，有助于展示场景的静态美。慢速旋转镜头可以营造出一种沉思、怀旧或紧张的情感氛围，使观众有时间沉浸在场景的情感深度中。同时，慢速旋转镜头使观众有足够的时间观察场景中的细节，增强了对环境或人物细节的感知。

05 单击“生成视频”按钮，即可开始生成视频，并显示生成进度，如图 8-48 所示。

06 稍等片刻，即可生成相应的视频，效果如图 8-49 所示。

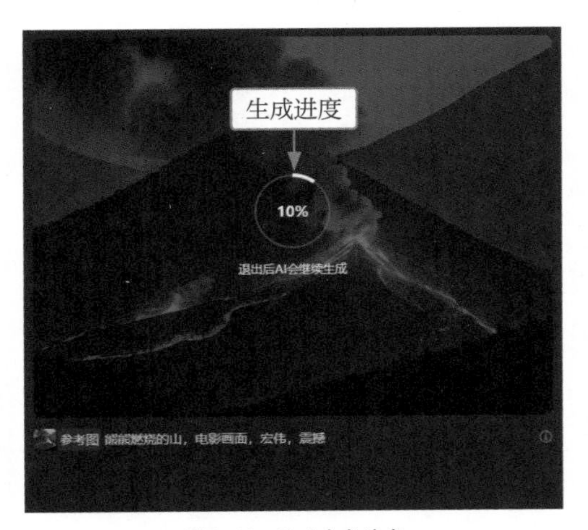

图 8-48　显示生成进度

图 8-49　生成顺时针旋转运镜视频

专家提醒

顺时针旋转运镜能够产生一种连续的视觉流动，引导观众的视线随着镜头的旋转而移动。另外，顺时针旋转运镜有助于展示场景的全貌，尤其是当镜头绕着一个中心点旋转时，可以揭示场景的不同部分。

8.2.5 逆时针旋转运镜

逆时针旋转运镜是指镜头围绕拍摄主体或某个点进行逆时针方向的旋转，可以创造出一种动态的视觉效果，常用于表现场景的全貌、增加视觉张力或表达特定的情感和氛围。逆时针旋转运镜通过围绕主体旋转，可以全方位地展示环境或场景的细节，能够为观众带来一种环绕场景的动态视觉体验，效果如图 8-50 所示。

扫码看视频

扫码看效果

图 8-50 效果展示

下面介绍使用逆时针旋转运镜方式生成视频的操作方法。

01 进入“视频生成”页面的“图片生视频”选项卡，单击“上传图片”按钮，弹出“打开”对话框，选择参考图，如图 8-51 所示。

02 单击“打开”按钮，即可上传参考图，输入描述词，用于指导 AI 生成特定的视频，如图 8-52 所示。

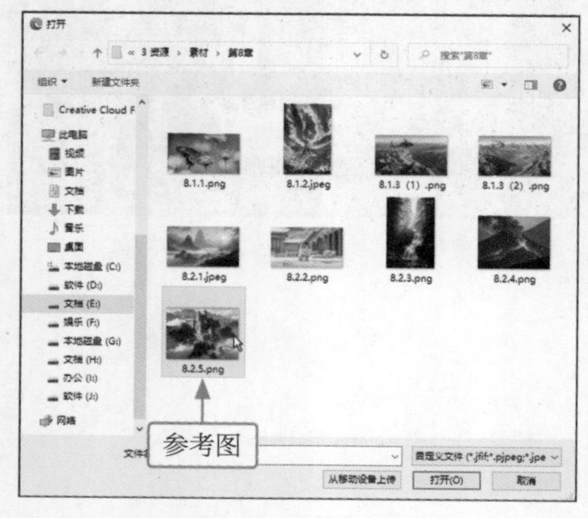

图 8-51 选择参考图

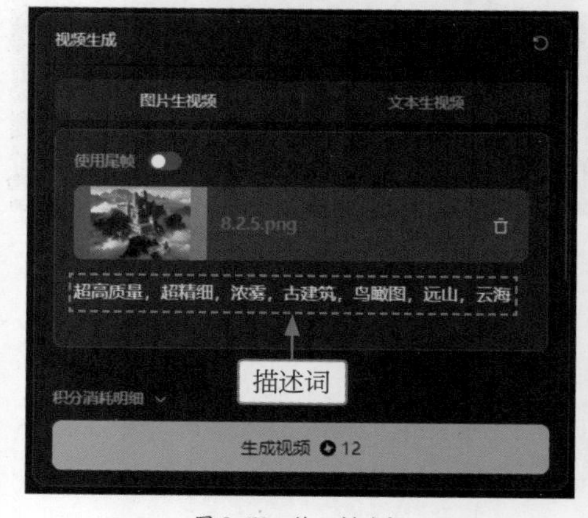

图 8-52 输入描述词

03 展开“运镜控制”选项区，在“运镜类型”列表框中选择“逆时针旋转”选项，如图 8-53 所示。

04 展开“视频设置”选项区，设置“运动速度”为“适中”，如图 8-54 所示，此时镜头的运动会呈现出一种平衡的动态感，既不会过于急促，也不会过于缓慢。

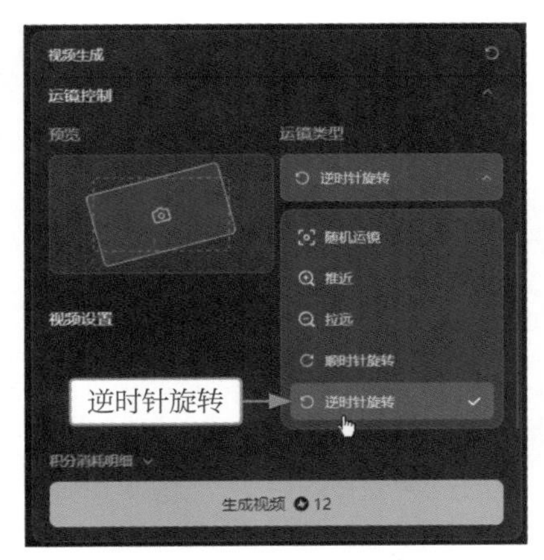

图 8-53　选择“逆时针旋转”选项

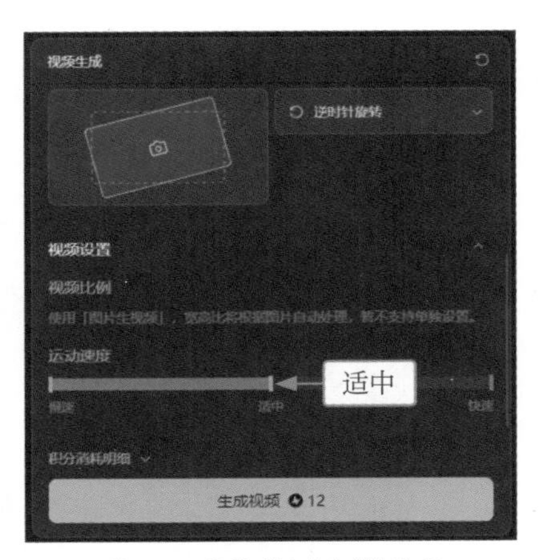

图 8-54　设置“运动速度”选项

专家提醒

逆时针旋转运镜能够增加画面的流动性和连贯性，使观众的视线随着镜头的移动而移动。在电影或电视剧中，逆时针旋转运镜常用于介绍一个新场景或环境。如果镜头是围绕人物旋转，还可以突出人物，同时展示人物与周围环境的关系。

05 单击“生成视频”按钮，即可开始生成视频，并显示生成进度，如图 8-55 所示。

06 稍等片刻，即可生成相应的视频效果，如图 8-56 所示。

图 8-55　显示生成进度

图 8-56　生成逆时针旋转运镜视频

8.3　编辑与生成特殊视频

即梦平台提供了一系列的工具和功能，使用户能够轻松地编辑和生成专业级别的视频。本节主要介绍使用即梦编辑与生成特殊视频的方法，具体内容包括再次生成视频、延长视频时长、生成对口型视频。

8.3.1 再次生成视频

在 AI 视频的创作和编辑过程中，我们时常会遇到需要对现有视频进行重新制作或调整的情况。无论是为了改进视频质量、修正错误，或是尝试新的创意方向，再次生成视频都成为一个不可或缺的操作过程。利用即梦的再次生成视频功能，可以满足用户对视频内容的高标准和个性化需求，效果如图 8-57 所示。

扫码看视频

扫码看效果

图 8-57 效果展示

下面介绍再次生成视频的操作方法。

01 进入“视频生成”页面的“图片生视频”选项卡，单击“上传图片”按钮，弹出“打开”对话框，选择参考图，如图 8-58 所示。

02 单击“打开”按钮，即可上传参考图，如图 8-59 所示。

图 8-58 选择参考图

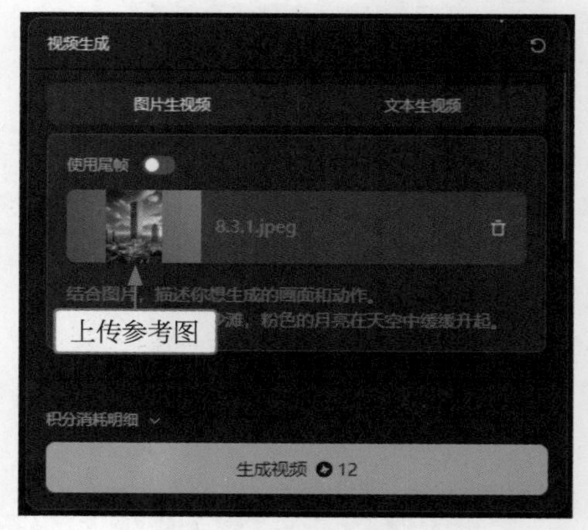

图 8-59 上传参考图

03 单击“生成视频”按钮，即可开始生成视频，并显示生成进度，如图 8-60 所示。

04 稍等片刻，即可生成相应的视频效果，单击“重新编辑”按钮，如图 8-61 所示。

图 8-60　显示生成进度

图 8-61　单击“重新编辑”按钮

05　输入描述词，用于指导 AI 生成特定的视频，如图 8-62 所示。

06　展开“运镜控制”选项区，在“运镜类型”列表框中选择“推近”选项，如图 8-63 所示，将视频设置为推近运镜效果。

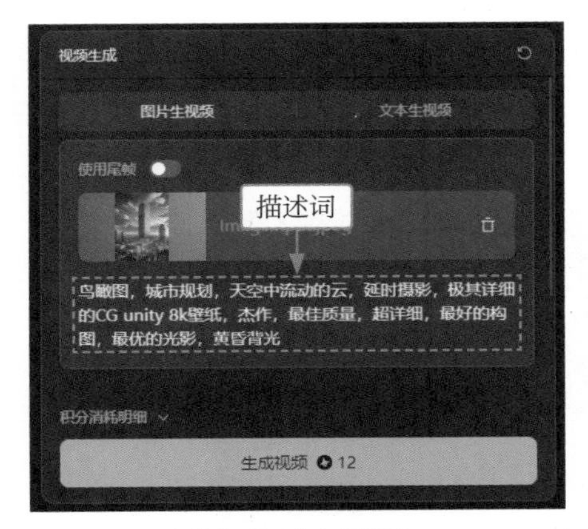

图 8-62　输入描述词

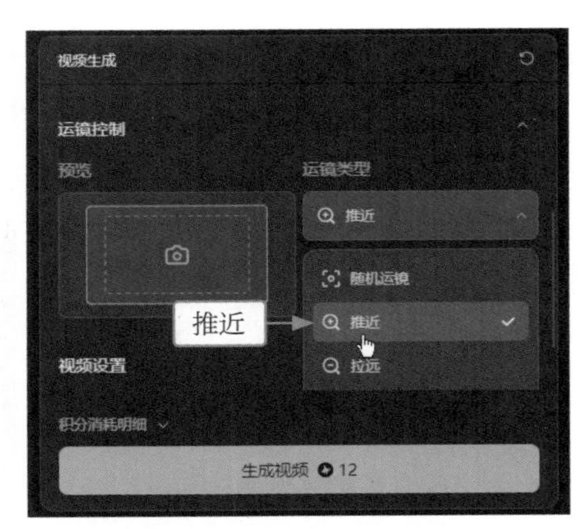

图 8-63　选择“推近”选项

07　单击“生成视频”按钮，即可生成相应的视频，效果如图 8-64 所示。

图 8-64　生成相应的视频

08　在视频效果下方，单击“再次生成”按钮，如图 8-65 所示。

09　执行操作后，即可重新生成视频，效果如图 8-66 所示。

图 8-65　单击“再次生成”按钮

图 8-66　重新生成视频

8.3.2　延长视频时长

通过即梦生成视频后，用户还可以延长视频时长，该功能对于填补内容空白、深化叙事层次，或仅仅为了满足特定平台对视频长度的规范需求方面，展现出极高的实用价值。在延长视频的同时，AI 会确保新增内容与原有画面同步，保持视频整体的协调，效果如图 8-67 所示。

扫码看视频

扫码看效果

图 8-67　效果展示

下面介绍延长视频时长的操作方法。

01 进入“视频生成”页面的“图片生视频”选项卡，单击“上传图片”按钮，弹出“打开”对话框，选择参考图，如图 8-68 所示。

02 单击“打开”按钮，即可上传参考图，输入描述词，用于指导 AI 生成特定的视频，如图 8-69 所示。

图 8-68　选择参考图

图 8-69　输入描述词

03　展开“运镜控制”选项区，在“运镜类型”列表框中，选择“拉远”选项，如图 8-70 所示，将视频设置为拉远运镜效果。

04　单击“生成视频”按钮，即可生成相应的视频，效果如图 8-71 所示。

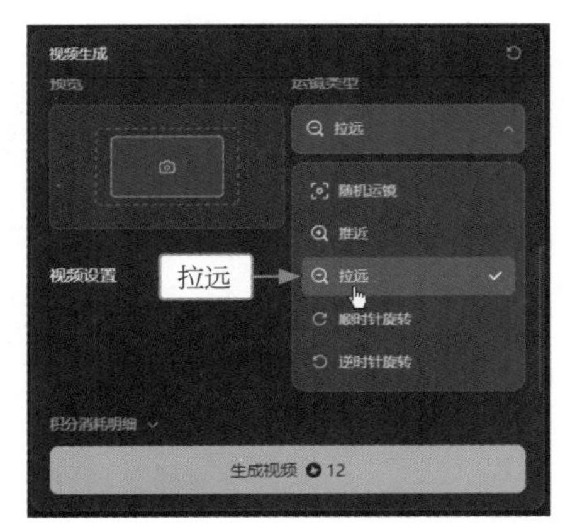

图 8-70　选择“拉远”选项

图 8-71　生成相应的视频

05　在视频效果下方，单击“延长 3s”按钮，如图 8-72 所示。

06　执行操作后，即可将视频时长延长 3s，如图 8-73 所示。

图 8-72　单击“延长 3s”按钮

图 8-73　延长视频时长

8.3.3 生成对口型视频

扫码看视频

生成对口型视频是即梦的一大亮点，该功能利用 AI 技术将音频与人物的口型完美同步，创造出既真实又具有吸引力的视频内容，在音乐视频、语言教学、广告宣传等多个领域都有广泛的应用，效果如图 8-74 所示。

扫码看效果

图 8-74 效果展示

下面介绍生成对口型视频的操作方法。

01 进入“视频生成”页面的“图片生视频”选项卡，单击“上传图片”按钮，弹出“打开”对话框，选择参考图，如图 8-75 所示。

02 单击“打开”按钮，即可上传参考图，如图 8-76 所示。

图 8-75 选择参考图

图 8-76 上传参考图

03 单击“生成视频”按钮，即可根据参考图生成相应的视频，效果如图 8-77 所示。

04 在视频效果下方，单击“对口型”按钮，如图 8-78 所示。

图 8-77　生成相应的视频

为保障对口型效果，请选择包含一个正面人脸的视频，来进行对口型。（侧脸视频、多人脸视频，会导致对口型失败）
对口型

图 8-78　单击“对口型”按钮

05 执行操作后，展开“AI 对口型”面板，输入朗读文案，并选择合适的朗读音色，如“温柔淑女”，如图 8-79 所示。

06 单击“对口型”按钮，即可生成对口型视频，效果如图 8-80 所示。

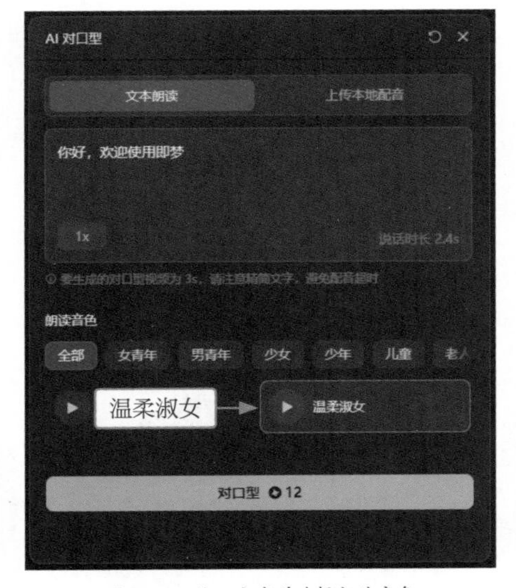

图 8-79　输入文案并选择朗读音色

图 8-80　生成对口型视频

第 9 章

剪映 App：AI 艺术创作与智能视频剪辑

在数字媒体时代，艺术创作和视频剪辑的边界已大大拓宽，不再拘泥于专业人士的专属领域。随着技术的发展，尤其是人工智能技术的融入，使得每个人都能够轻松地创作出专业级别的图像与视频内容。本章将详细介绍剪映 App 的 AI 艺术创作与智能视频剪辑功能，使用户能够轻松打造出具有个人特色的作品。

9.1　AI 绘画与图像处理功能

剪映不仅是一款功能强大的视频编辑工具，还集成了先进的 AI 技术，为用户提供了一系列创新的绘画和图像处理功能，从而让艺术创作和图像编辑变得更加简单、快捷且充满乐趣。

9.1.1　AI作图

扫码看视频

剪映的“AI 作图”功能，以其强大的自然语言处理和图像生成算法，支持用户仅仅通过输入文字描述，就能创造出与之相匹配的视觉图像，效果如图 9-1 所示。

图 9-1　效果展示

下面介绍使用“AI 作图”功能的操作方法。

01　在“剪辑”界面中，点击右上角的“展开”按钮，展开功能区，点击“AI 作图”按钮，如图 9-2 所示。

02　执行操作后，进入“创作”界面，在下面的文本框中输入描述词，如图 9-3 所示。

03　点击“立即生成”按钮，即可生成相应的图像，效果如图 9-4 所示。

04　选择第 2 张图片，点击下方的“下载”按钮，如图 9-5 所示，即可下载图片。使用相同的操作方法下载需要的图片即可。

图 9-2　点击“AI 作图”按钮

图 9-3　输入描述词

图 9-4 生成相应的图像

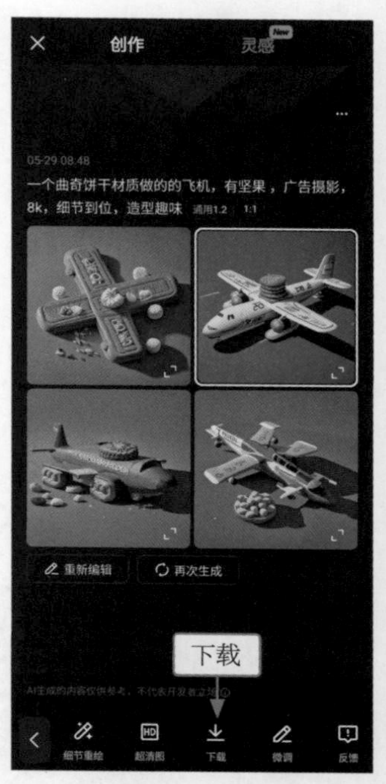

图 9-5 点击“下载”按钮

9.1.2 AI商品图

扫码看视频

使用剪映的“AI 商品图”功能，用户可以轻松实现一键抠图并更换背景的操作，从而快速制作出各种引人注目的商品图片效果。

例如，使用“AI 商品图”功能可以非常方便地制作商品主图，这对于提升电商平台上的商品展示效果至关重要。商品主图通常是潜在买家看到的第一张图片，因此它需要足够吸引人，同时能够清晰展示商品特点，原图与新图对比如图 9-6 所示。

图 9-6 原图与新图对比

下面介绍使用“AI 商品图”功能的操作方法。

01　在“剪辑”界面中，点击右上角的“展开”按钮，展开功能区，点击“AI 商品图”按钮，如图 9-7 所示。

02　执行操作后，进入手机相册，选择一张原图，点击“编辑”按钮，进入“颜色预设”界面，系统会自动进行抠图处理，去除商品背景，效果如图 9-8 所示。

图 9-7　点击“AI 商品图”按钮

图 9-8　去除商品背景

03　点击“AI 背景预设”按钮进入相应界面，在下方的“热门”选项卡中可以选择背景，如图 9-9 所示。

04　切换至“鲜花”选项卡，选择合适的背景效果，如图 9-10 所示。

图 9-9　选择背景

图 9-10　选择合适的背景效果

05 点击上方的“去编辑”按钮，界面下方会显示编辑工具栏，点击“文字”按钮，如图 9-11 所示。

06 执行操作后，进入“文字模板”界面，选择文字模板，并适当调整文字模板的位置和大小，如图 9-12 所示。

图 9-11　点击“文字”按钮

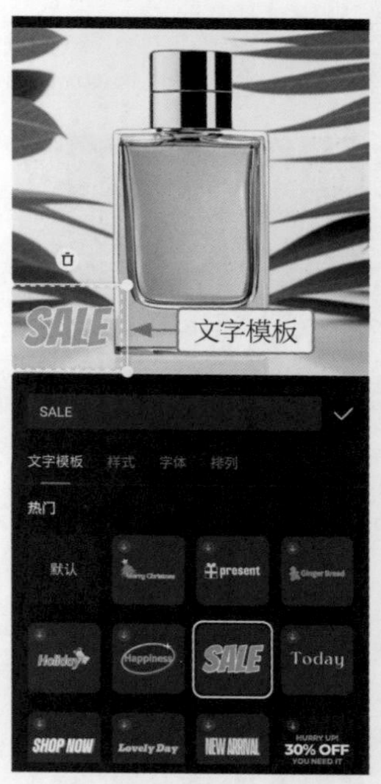

图 9-12　添加与调整文字模板

07 点击✓按钮，确认添加文字效果，点击右上角的“导出”按钮，如图 9-13 所示。

08 执行操作后，即可导出做好的 AI 商品图，点击右上角的“完成”按钮即可，如图 9-14 所示。

图 9-13　点击“导出”按钮

图 9-14　点击“完成”按钮

9.1.3　AI特效

扫码看视频

剪映的“AI 特效”功能与即梦的图生图功能类似，都利用了人工智能技术来增强和简化图像的编辑过程，用户只需上传一张参考图，即可用 AI 做出各种图片效果，帮助用户轻松实现创意构想，原图与新图对比如图 9-15 所示。

图 9-15　原图与新图对比

下面介绍使用“AI 特效”功能的操作方法。

01　在“剪辑”界面的功能区中，点击“AI 特效”按钮，如图 9-16 所示。

02　执行操作后，进入“AI 特效”界面，查看功能说明（初次打开该功能时才会有），点击“试一试”按钮，如图 9-17 所示。

03　执行操作后，进入手机相册，选择参考图，如图 9-18 所示。

04　执行操作后，进入“AI 特效”界面，上传相应的参考图，点击“灵感”按钮，如图 9-19 所示。

图 9-16　点击“AI 特效”按钮

图 9-17　点击“试一试”按钮

图 9-18　选择参考图

图 9-19　点击“灵感”按钮

05 执行操作后，进入“灵感”界面，选择预设风格，其中包含了该风格的效果预览图和描述词，点击“试一试”按钮，如图 9-20 所示。

06 执行操作后，返回“AI 特效”界面，系统会自动填入预设风格的描述词，如图 9-21 所示。

图 9-20　点击“试一试”按钮

图 9-21　填入预设风格的描述词

07　设置“强度”为 60，让 AI 的生图效果更接近描述词，点击“生成”按钮，如图 9-22 所示。

08　执行操作后，即可根据描述词的要求生成相应风格的图像，点击“保存”按钮，如图 9-23 所示，即可保存效果图。

图 9-22　点击“生成”按钮

图 9-23　点击“保存”按钮

9.1.4　智能抠图

扫码看视频

使用剪映的“智能抠图”功能，可以一键去除图像中的背景部分，只留下画面主体，可以非常方便地制作商品白底图，原图与新图对比如图 9-24 所示。

图 9-24　原图与新图对比

下面介绍使用“智能抠图”功能的操作方法。

01 在“剪辑”界面的功能区中，点击“智能抠图”按钮，如图 9-25 所示。

02 执行操作后，进入手机相册，选择需要抠图处理的原图，点击“编辑”按钮，如图 9-26 所示。

图 9-25 点击“智能抠图”按钮

图 9-26 点击“编辑”按钮

03 执行操作后，进入“背景预设”界面，系统会自动去除图像背景，完成抠图处理，效果如图 9-27 所示。

04 点击“智能抠图”按钮进入相应界面，在此可以使用智能抠图、快速画笔、画笔和橡皮擦等功能进行抠图，让抠图效果更好，如图 9-28 所示。

图 9-27 抠图处理效果

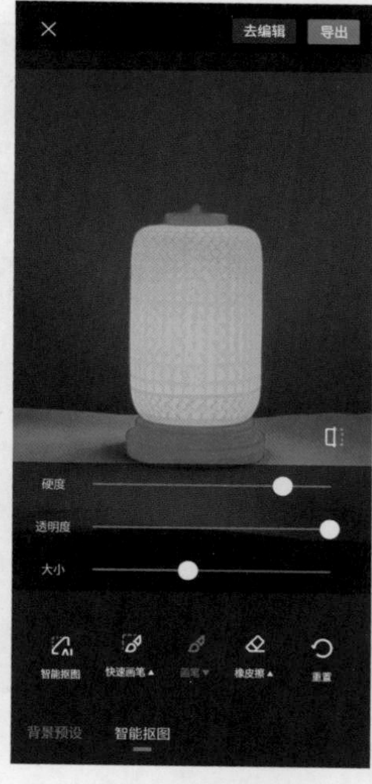

图 9-28 进入“智能抠图”界面

05 返回“背景预设”界面，在底部选择白色背景效果，制作商品白底图，如图 9-29 所示。

06 点击“导出”按钮，即可导出做好的商品白底图，如图 9-30 所示。

图 9-29 选择白色背景效果

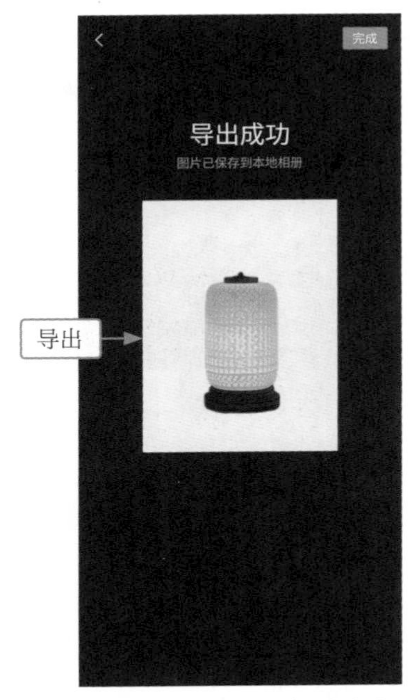

图 9-30 导出做好的商品白底图

9.1.5 超清图片

扫码看视频

剪映的“超清图片”功能可以提升图片的清晰度和质量，该功能可以对图片进行增强处理，使其看起来更加清晰和细腻，原图与新图对比如图 9-31 所示。

图 9-31 原图与新图对比

下面介绍使用“超清图片”功能的操作方法。

01 在“剪辑”界面的功能区中，点击“超清图片”按钮，如图 9-32 所示。

02 进入手机相册，选择需要处理的原图，点击“编辑”按钮，如图 9-33 所示。

图 9-32　点击“超清图片”按钮

图 9-33　点击“编辑”按钮

03 执行操作后，进入相应界面，系统会自动提升图像的清晰度，点击“尺寸”按钮，如图 9-34 所示。

04 在列表框中选择“商品主图”尺寸预设，点击“创建”按钮，如图 9-35 所示。

图 9-34　点击“尺寸”按钮

图 9-35　点击“创建”按钮

05 执行操作后，即可自动裁剪图片，使其符合商品主图的尺寸要求，点击“贴纸”按钮，如图 9-36 所示。

06 选择合适的贴纸效果，并适当调整贴纸的大小，如图 9-37 所示。

图 9-36　点击“贴纸”按钮

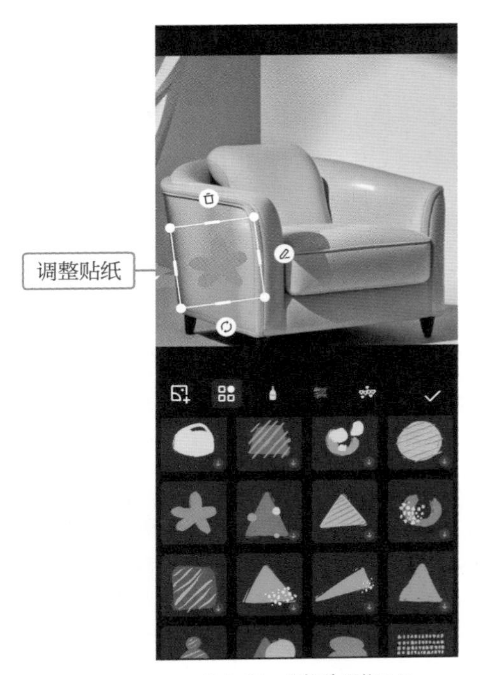

图 9-37　选择并调整贴纸

07 确认后返回，适当调整图像和贴纸的位置，点击“导出”按钮，如图 9-38 所示。

08 执行操作后，即可导出做好的商品主图，效果如图 9-39 所示。

图 9-38　点击“导出”按钮

图 9-39　导出做好的商品主图

9.2 AI 视频生成与剪辑功能

在数字化时代，视频已成为最主要的传播媒介之一。剪映凭借其强大的 AI 视频生成与剪辑功能，为广大视频创作者提供了一个前所未有的便捷工具。本节介绍利用剪映的 AI 技术简化视频制作流程的方法，一站式实现从视频的生成、剪辑到最终输出的全流程，快速制作出令人印象深刻的视频作品。

9.2.1 一键成片

扫码看视频

使用剪映的"一键成片"功能，用户不再需要具备专业的视频编辑技能或花费大量时间进行后期处理，只需几个简单的步骤，就可以将图片、视频片段、音乐和文字等素材融合在一起，AI 将自动为用户生成一段流畅且吸引人的视频，效果如图 9-40 所示。

图 9-40 效果展示

扫码看效果

下面介绍使用"一键成片"功能的操作方法。

01 在"剪辑"界面的功能区中，点击"一键成片"按钮，如图 9-41 所示。

02 执行操作后，进入手机相册，选择图片素材，点击"下一步"按钮，如图 9-42 所示。

图 9-41　点击“一键成片”按钮

图 9-42　点击“下一步”按钮

03 执行操作后，进入“选择模板”界面，系统会匹配合适的模板，如图 9-43 所示。

04 用户也可以在下方选择相应的模板，自动对视频素材进行剪辑，完成后点击“导出”按钮，如图 9-44 所示。

图 9-43　匹配合适的模板

图 9-44　点击“导出”按钮

05 执行操作后，弹出“导出设置”面板，点击“保存”按钮，如图 9-45 所示。

06 执行操作后，即可快速导出做好的视频，如图 9-46 所示。

图 9-45　点击“保存”按钮

图 9-46　导出视频

9.2.2　图文成片

使用剪映的“图文成片”功能，可以帮助用户将静态的图片和文字转化为动态的视频，从而提升内容的表现力，并吸引更多观众的注意力。

通过“图文成片”功能，用户可以轻松地将一系列图片和文字编排成具有吸引力的视频。该功能不仅简化了视频制作流程，还为用户提供了丰富的创意空间，让他们能够以全新的方式分享信息和故事，效果如图 9-47 所示。

图 9-47　效果展示

下面介绍使用“图文成片”功能的操作方法。

01 在“剪辑”界面的功能区中，点击“图文成片”按钮，如图 9-48 所示。

02 进入“图文成片”界面，在“智能写文案”选项区中选择“美食教程”选项，如图 9-49 所示。

图 9-48　点击“图文成片”按钮

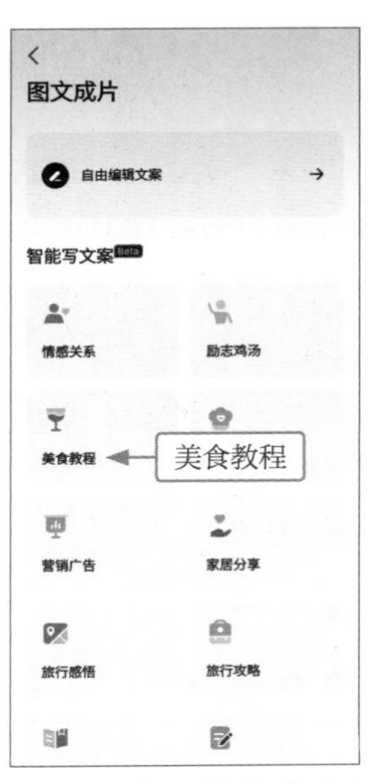

图 9-49　选择“美食教程”选项

03 进入“美食教程”界面，输入美食的名称和做法，并选择合适的视频时长，点击“生成文案”按钮，如图 9-50 所示。

04 进入“确认文案”界面，显示 AI 生成的文案内容，点击“生成视频”按钮，如图 9-51 所示。注意，如果用户要修改文案内容，可以点击 > 按钮切换不同的文案内容，也可以点击 ✎ 按钮修改文案中的错误或者自由编辑文案内容。

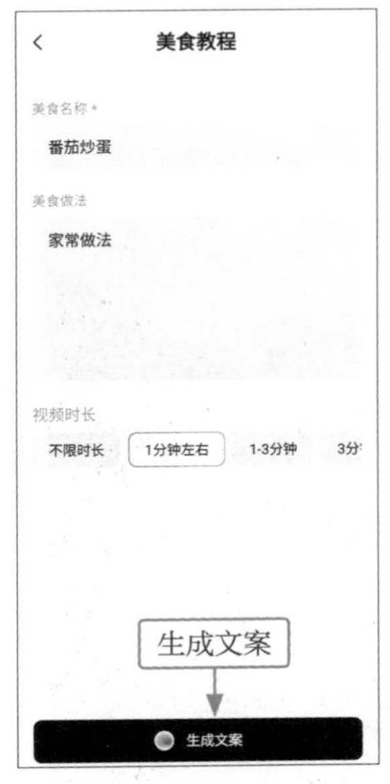

图 9-50　点击“生成文案”按钮

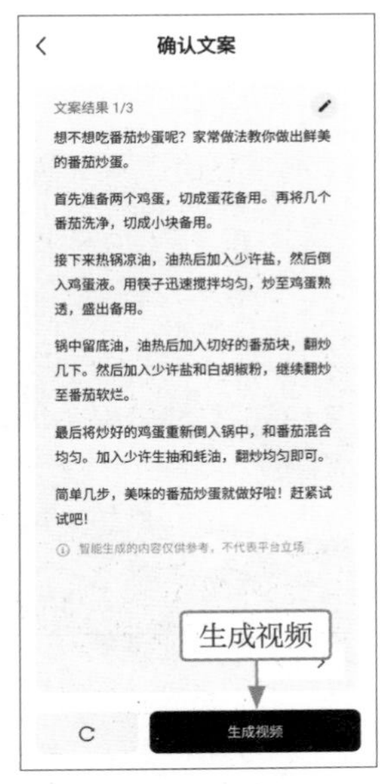

图 9-51　点击“生成视频”按钮

05 在弹出的“请选择成片方式”列表框中，选择“智能匹配素材”选项，如图 9-52 所示。

06 执行操作后，即可自动合成视频效果，如图 9-53 所示。

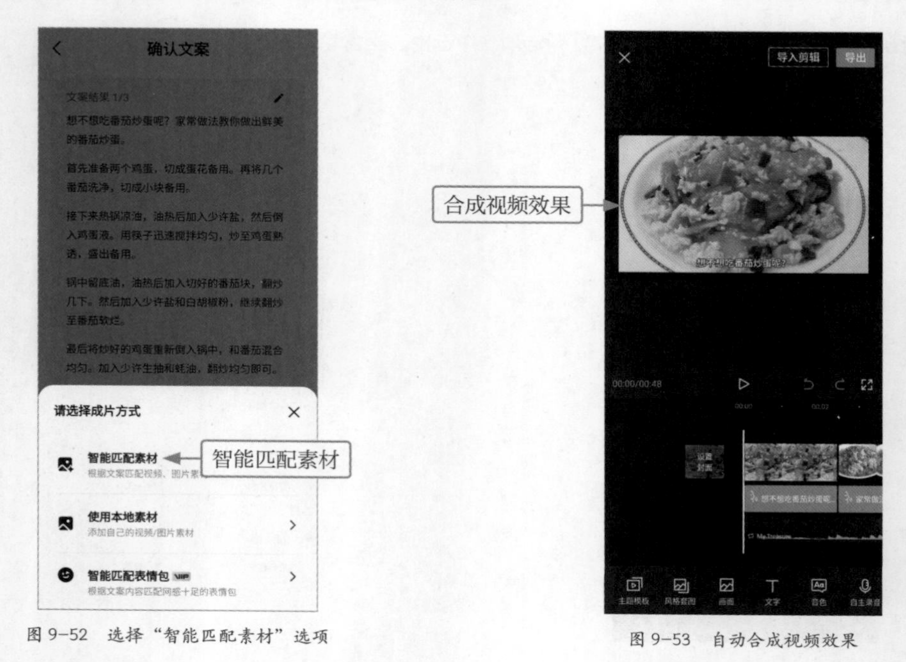

图 9-52　选择“智能匹配素材”选项

图 9-53　自动合成视频效果

9.2.3　剪同款

扫码看视频

剪映的“剪同款”功能非常实用，它允许用户快速复制或模仿他人视频中的编辑样式和效果，特别适合那些希望在自己的视频中应用流行或专业编辑技巧的用户。

通过剪映的“剪同款”功能，用户可以选择一个自己喜欢的模板或样例视频，剪映会自动提供相应的编辑参数和效果，用户只需将自己的素材填充进去，即可创作出具有相似风格和效果的视频，效果如图 9-54 所示。

扫码看效果

图 9-54　效果展示

下面介绍使用“剪同款”功能的操作方法。

01 在剪映主界面底部，点击“剪同款”按钮进入相应界面，如图 9-55 所示。

02 在搜索栏中输入“一键 AI 智能扩图”，在搜索结果中选择心仪的剪同款模板，如图 9-56 所示。

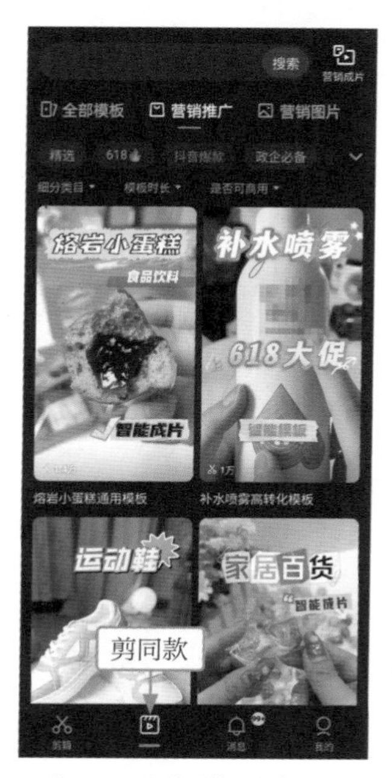

图 9-55　点击“剪同款”按钮

图 9-56　选择剪同款模板

03 预览模板效果，点击“剪同款”按钮，如图 9-57 所示。

04 执行操作后，弹出“提示”对话框，点击“我知道了”按钮，如图 9-58 所示。

图 9-57　点击“剪同款”按钮

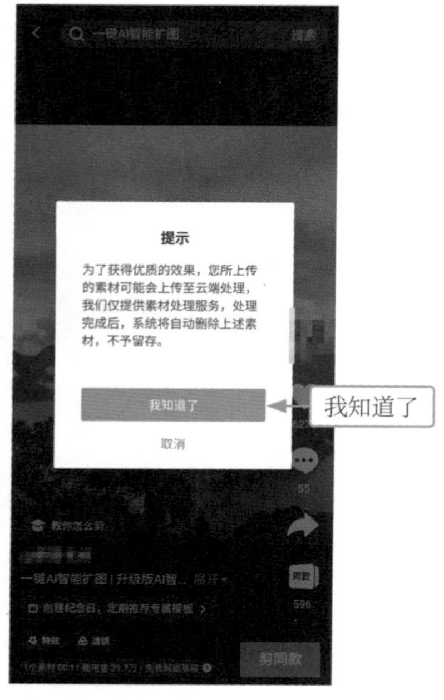

图 9-58　点击“我知道了”按钮

05 进入手机相册，选择相应的参考图，点击“下一步”按钮，如图 9-59 所示。

06 执行操作后，即可自动套用同款模板，并合成视频效果，如图 9-60 所示。

图 9-59　点击“下一步”按钮

图 9-60　合成视频效果

9.2.4　营销成片

剪映的“营销成片”功能专为商业营销和广告宣传量身打造，它利用 AI 技术帮助用户快速制作出具有吸引力的视频广告或营销内容，特别适合需要在社交媒体、电子商务平台或其他数字营销渠道上推广产品和品牌的商家和营销人员使用。“营销成片”功能通过简化视频制作流程，让用户能够轻松创作出高质量的广告视频，效果如图 9-61 所示。

扫码看视频

扫码看效果

图 9-61　效果展示

下面介绍使用“营销成片”功能的操作方法。

01 在“剪辑”界面的功能区中，点击“营销成片”按钮，如图 9-62 所示。

02 在“营销推广视频”界面，点击“添加素材”选项区中的＋按钮，如图 9-63 所示。

图 9-62　点击“营销成片”按钮

图 9-63　点击添加素材按钮

03 进入手机相册，选择多个视频素材，点击“下一步”按钮，如图 9-64 所示。

04 执行操作后，即可添加视频素材，在“AI 写文案”选项卡中输入视频文案，包括产品的名称和卖点，如图 9-65 所示。

图 9-64　点击“下一步”按钮

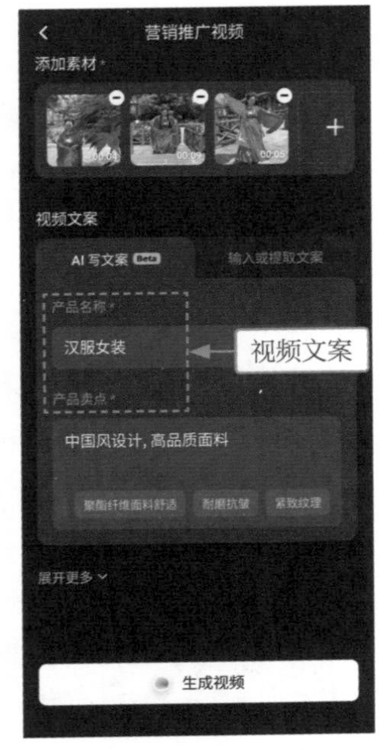

图 9-65　输入视频文案

05 点击“展开更多”按钮，显示其他设置，在“视频设置”选项区中，选择合适的时长参数，如图 9-66 所示。

06 点击“生成视频”按钮，即可生成 5 个营销视频，在下方选择合适的视频效果即可，如图 9-67 所示。

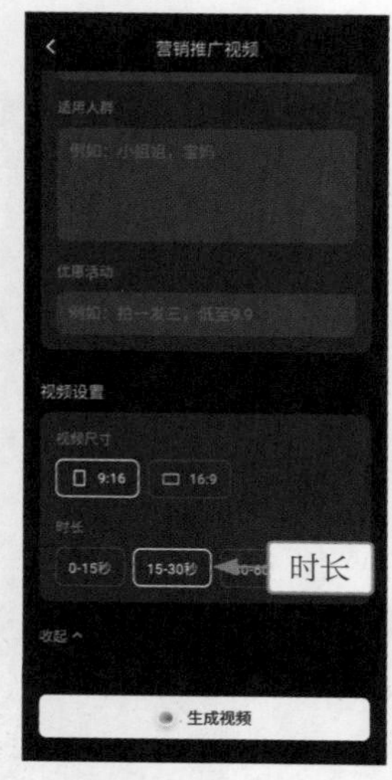

图 9-66 设置时长参数

图 9-67 选择合适的视频效果

9.2.5 超清画质

扫码看视频

剪映推出的“超清画质”功能，可以满足用户对高清视觉体验的追求，可显著提升视频作品的清晰度和细节表现，让每一帧画面都更加细腻和生动，效果如图 9-68 所示。

扫码看效果

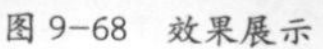

图 9-68 效果展示

专家提醒

剪映 App 除了提供“超清画质”功能外，还具备“去闪烁”和“视频降噪”等高级视频处理功能，这些功能对于提升视频的专业品质至关重要。

“去闪烁”功能专门用于解决视频画面中常见的闪烁问题，这种问题通常是由于拍摄中光源不稳定或快门速度不匹配导致的。剪映通过智能算法分析视频帧，识别并减少闪烁效果，从而提供更平滑和更舒适的观看体验。

“视频降噪”功能专注于减少视频素材中的噪点，特别是在低光照条件下拍摄时产生的噪点。剪映利用先进的图像处理技术，智能地平滑画面，降低噪点，使得视频在各种光照条件下都能保持清晰和细腻。

下面介绍使用“超清画质”功能的操作方法。

01 在“剪辑”界面的功能区中，点击“超清画质”按钮，如图 9-69 所示。

02 执行操作后，进入手机相册，选择视频素材，如图 9-70 所示。

图 9-69　点击“超清画质”按钮

图 9-70　选择视频素材

03 执行操作后，进入“画质提升”界面，默认选择的是“超清画质”选项，并自动开始进行云端处理，点击任务进程提示信息，如图 9-71 所示。

04 执行操作后，即可查看任务处理进度，当进度达到 100% 时，表示超清画质任务处理完成，如图 9-72 所示。

图 9-71　点击任务进程提示信息

图 9-72　超清画质任务处理完成

第 10 章
绘画实践：用 AI 轻松生成数字艺术图像

随着人工智能技术的日新月异，AI 绘画已经由概念转化为现实，它不仅改变了艺术创作的传统模式，还为我们提供了前所未有的便利和灵感。本章将通过 4 个具体的 AI 绘画实践案例，探讨如何利用即梦轻松生成数字艺术图像，帮助大家提高创作效率，实现个性化的艺术表达。

10.1 AI 艺术插画实践：儿童绘本

扫码看视频

儿童绘本不仅仅是书籍，更是孩子们认识世界、激发想象力的重要媒介。儿童绘本以丰富的想象力和教育意义，成为连接孩子与艺术的桥梁。

利用即梦独特的创造力和高效性，可以轻松创作儿童绘本类的艺术插画，从构思故事情境到选择色彩搭配，从角色设计到场景布局，每一步都可以借助 AI 来实现。本节将为大家讲解如何使用即梦创作出既美观又能启发思维的儿童绘本，效果如图 10-1 所示。

图 10-1　效果展示

下面介绍使用即梦生成 AI 艺术插画的操作方法。

01 进入“图片生成”页面，输入描述词，用于指导 AI 生成特定的图像，如图 10-2 所示。

02 展开“模型”选项区，设置“生图模型”为“即梦通用 v1.4”，如图 10-3 所示。

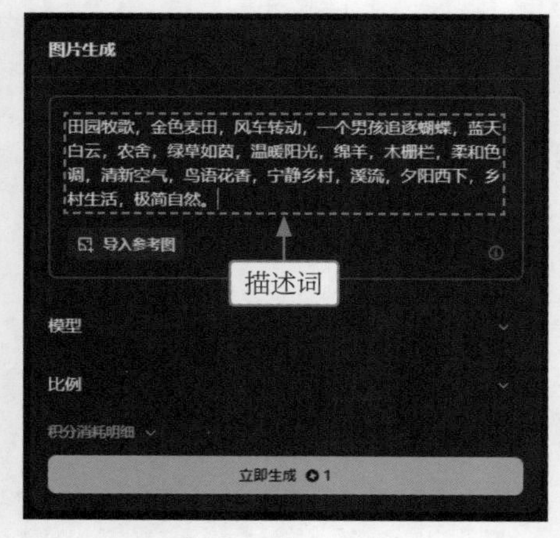

图 10-2　输入描述词

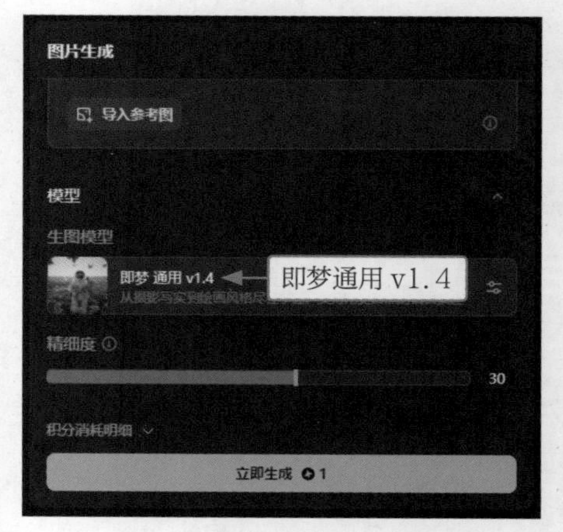

图 10-3　设置“生图模型”选项

03 设置“精细度”为 40，如图 10-4 所示，提升图像的细节表现力。

04 展开“比例”选项区，选择 3:4 选项，将图像尺寸调整为竖图，如图 10-5 所示。

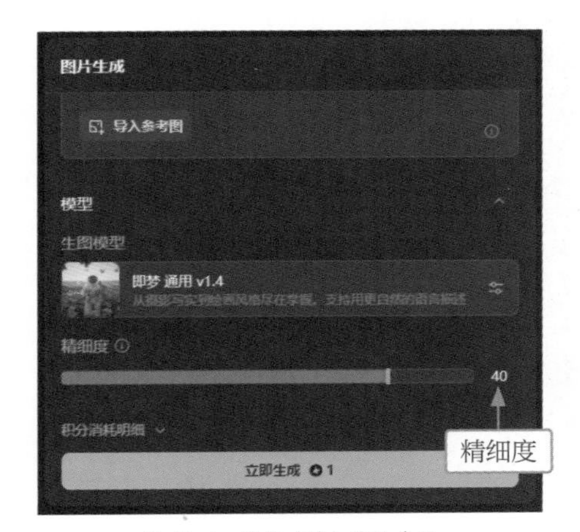

图 10-4　设置“精细度”参数

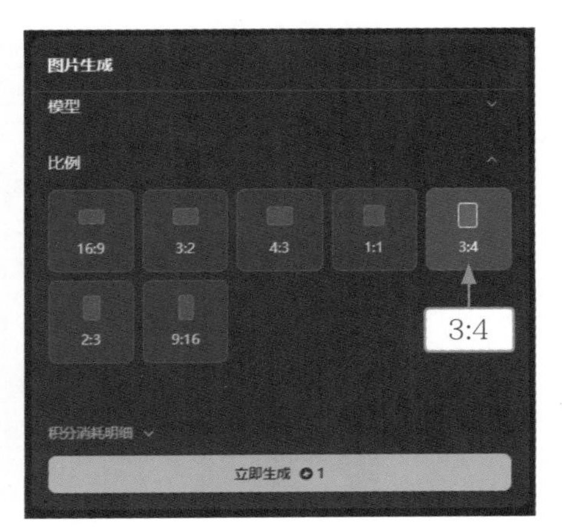

图 10-5　选择 3:4 选项

05 单击“立即生成”按钮，即可生成相应的插画图像，效果如图 10-6 所示。

图 10-6　生成插画图像

06 选择合适的图像，单击下方的“细节重绘”按钮，如图 10-7 所示。

图 10-7　单击“细节重绘”按钮

07 执行操作后，AI 会对图像细节进行重绘，即可生成质量更高的图像，效果如图 10-8 所示。使用相同的操作方法，对其他图像进行处理。

图 10-8　生成质量更高的图像

10.2　AI 商业设计实践：香水包装

在当今竞争激烈的商业市场中，产品的包装设计不仅仅是保护商品的外壳，更是传递品牌价值、吸引消费者目光的重要媒介。使用即梦可以创造出引人注目且具有品牌特色的香水包装，效果如图 10-9 所示。

扫码看视频

图 10-9　效果展示

下面介绍使用即梦进行 AI 商业设计的操作方法。

01 进入“图片生成”页面，单击“导入参考图”按钮，弹出“打开”对话框，选择参考图，如图 10-10 所示。

02 单击“打开”按钮，弹出“参考图”对话框，添加参考图，单击“生图比例”按钮，如图 10-11 所示。

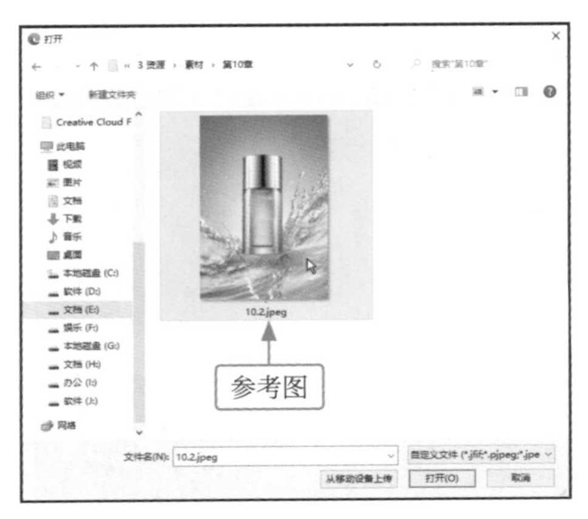

图 10-10　选择参考图

图 10-11　单击“生图比例”按钮

03 在弹出的“图片比例”面板中，选择 2:3 选项，如图 10-12 所示。

04 执行操作后，即可将参考图的生图比例调整为竖图，如图 10-13 所示。

图 10-12　选择 2:3 选项

图 10-13　将生图比例调整为竖图

05 选中“边缘轮廓”单选按钮，系统会自动检测图像中对象的边缘轮廓，并生成相应的轮廓图，如图 10-14 所示。

06 单击“参考程度”按钮，将其参数设置为 50，可以控制 AI 在生成图像时对原始边缘轮廓的依赖程度，如图 10-15 所示。

图 10-14　选中“边缘轮廓”单选按钮

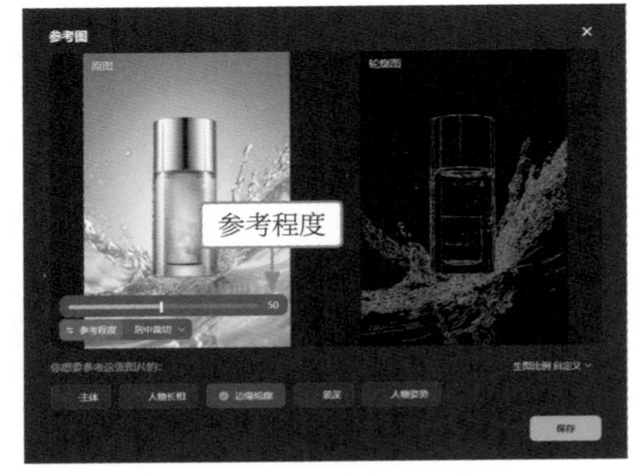

图 10-15　设置“参考程度”参数

07 单击“保存”按钮，即可上传参考图，输入描述词，用于指导 AI 生成特定的图像，如图 10-16 所示。

08 单击“立即生成”按钮，AI 会根据参考图中的边缘轮廓特征生成相应的广告图像，效果如图 10-17 所示。

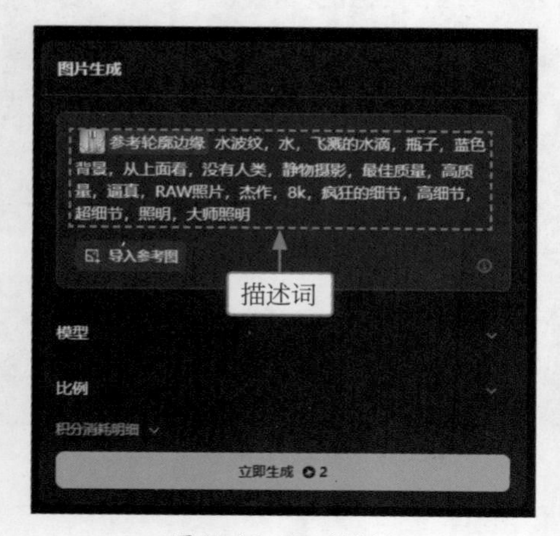

图 10-16 输入描述词

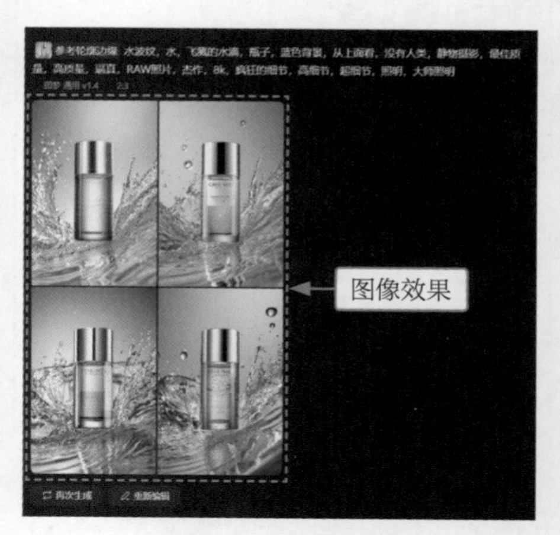

图 10-17 生成广告图像

09 选择合适的图像，单击下方的“超清图”按钮 HD，如图 10-18 所示。

10 执行操作后，即可生成清晰度更高的图像，效果如图 10-19 所示。使用相同的操作方法，对其他图像进行处理。

图 10-18 单击“超清图”按钮

图 10-19 生成清晰度更高的图像效果

专家提醒

通过 AI 工具的辅助，不仅能够提高商业设计的效率，还能够创造出更具吸引力和市场竞争力的设计作品。AI 技术的应用，让设计师能够专注于创意和创新，同时确保设计满足商业目标和消费者需求。

10.3 AI 人像摄影实践：国风美女

扫码看视频

在所有的摄影题材中，人像的拍摄占据非常大的比例，因此如何用 AI 生成人像照片是很多初学者急切想要了解的问题。而国风人像摄影，作为一种深植于中华文化中的独特艺术风格，其服饰、妆容，以及背景元素，无不体现出东方古典美学的精髓。

本节将聚焦于如何使用即梦创作出具有浓厚国风韵味的美女图像，指导 AI 理解和再现国风美女的经典元素，从服饰的精致纹理到配饰的细腻描绘，从古典妆容的优雅到传统发型的复杂编结，利用 AI 技术来增强这些细节的表现力，同时保持人物肖像的自然和谐，效果如图 10-20 所示。

图 10-20　效果展示

下面介绍使用即梦进行 AI 人像摄影创作的操作方法。

01　进入“图片生成”页面，输入描述词，用于指导 AI 生成特定的图像，如图 10-21 所示。

02　展开“模型”选项区，设置“生图模型”为“即梦通用 v1.4”，如图 10-22 所示。

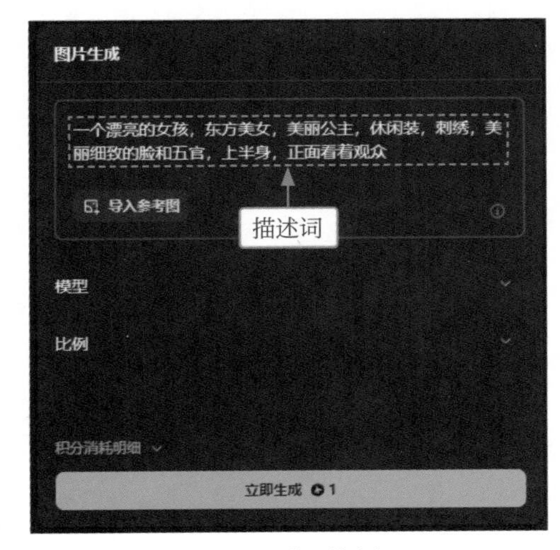

图 10-21　输入描述词

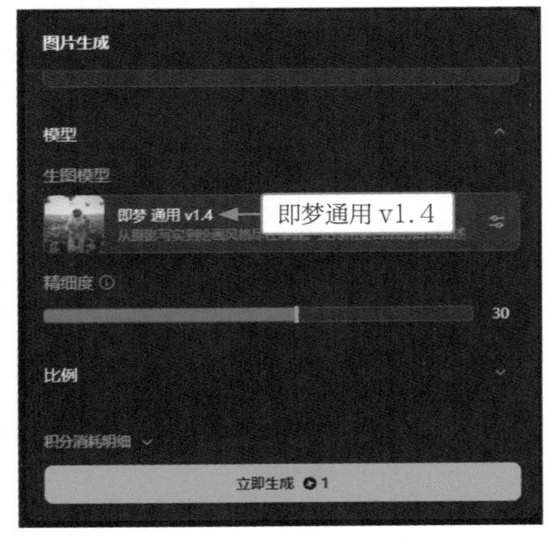

图 10-22　设置“生图模型”选项

03 展开“比例”选项区，选择 3:4 选项，将图像尺寸调整为竖图，如图 10-23 所示。

04 单击“立即生成”按钮，即可生成相应的图像效果，单击图像下方的“重新编辑”按钮，如图 10-24 所示。

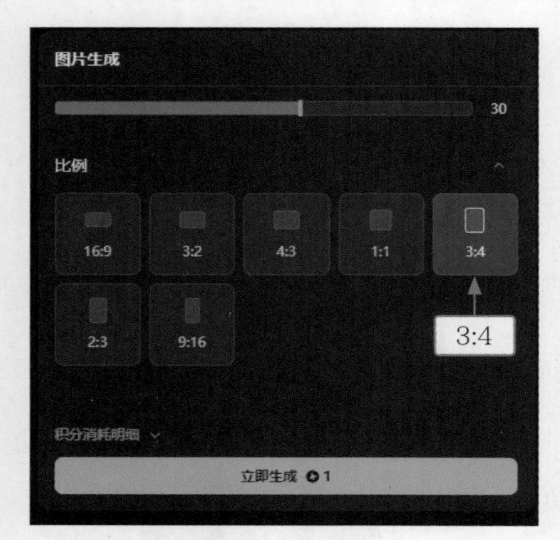

图 10-23　选择 3:4 选项

图 10-24　单击“重新编辑”按钮

05 执行操作后，光标会自动定位到描述词上面，适当修改描述词，增加了大量人物细节的描述，如图 10-25 所示。

06 在“模型”选项区中，设置“精细度”为 40，如图 10-26 所示，提升图像的细节表现力。

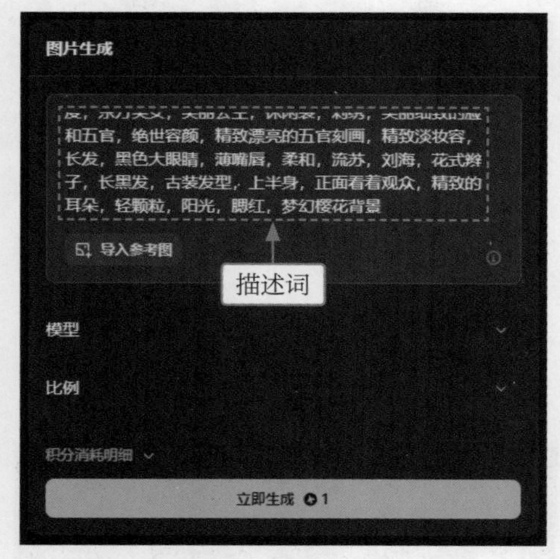

图 10-25　修改描述词

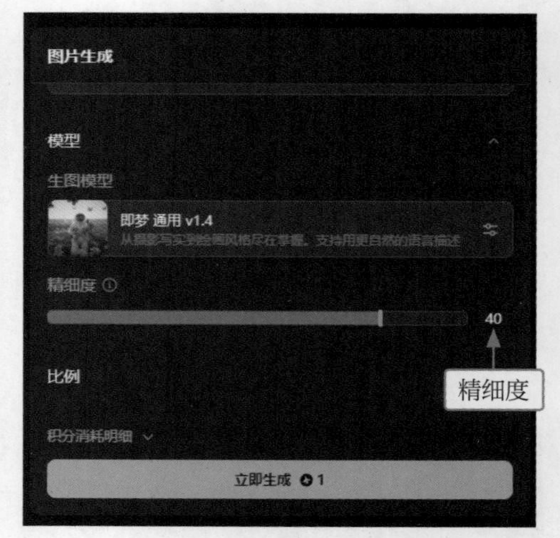

图 10-26　设置“精细度”参数

专家提醒

由于 AI 模型能够直接生成图像，无须经历传统的手绘或摄影过程，因此被一些 AI 爱好者比喻为“施展魔法”。在这一过程中，描述词就像是施放魔法的“咒语”，而生成参数则是增强魔法效果的“魔杖”。

描述词主要用于描述希望生成的图像内容，在书写描述词时需要注意以下几点：

- 具体、清晰地描述所需的图像内容，避免使用模糊、抽象的词汇；
- 根据需要使用多个描述词组合，以覆盖更广泛的图像内容。

AI 生成的图像结果可能受到多种因素的影响，包括描述词、模型本身的性能和训练数据等。因此，有时候即便使用了正确的描述词，也可能会生成不符合预期的图像。

07　单击“立即生成”按钮，再次生成图像，画面中的人物细节会更加精细，同时更能体现国风效果，单击“再次生成”按钮，如图 10-27 所示。

08　执行操作后，可以根据修改后的描述词和生成参数，重新生成相应的国风人像，效果如图 10-28 所示。

图 10-27　单击“再次生成”按钮

图 10-28　重新生成国风人像

10.4　AI 风光摄影实践：雪山风景

扫码看视频

风光摄影是一种旨在捕捉自然美的摄影艺术，在进行 AI 摄影绘图时，用户需要通过构图、光影、色彩等描述词，指导 AI 生成自然景色的照片，展现出大自然的魅力和神奇之处，将想象中的风景变成风光摄影大片。

本节将聚焦于利用即梦捕捉雪山的宏伟与纯净，创造出令人叹为观止的 AI 风光摄影作品，效果如图 10-29 所示。

图 10-29　效果展示

下面介绍使用即梦进行 AI 风光摄影创作的操作方法。

01 新建一个智能画布项目，单击左侧的“上传图片”按钮，如图 10-30 所示。

02 执行操作后，弹出“打开”对话框，选择参考图，如图 10-31 所示。

图 10-30 单击“上传图片”按钮

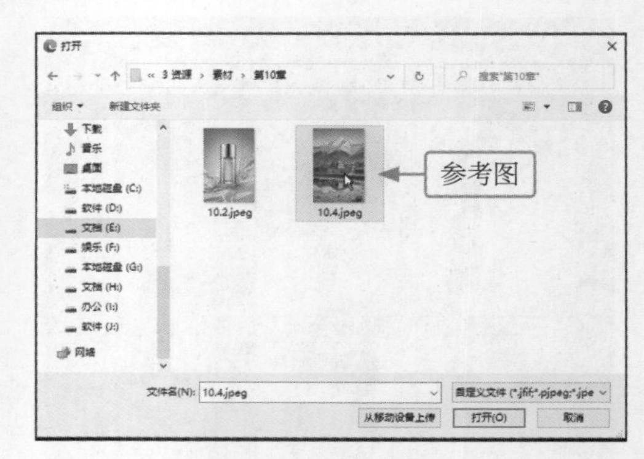

图 10-31 选择参考图

03 单击“打开”按钮，即可将参考图添加到画布上，同时“图层”面板中会生成“图层 1”图层，如图 10-32 所示。

04 单击上方的分辨率参数 (1024 × 1024)，弹出“画板调节”面板，在“画板比例”选项区中选择 2:3 选项，如图 10-33 所示。

图 10-32 生成“图层 1”图层

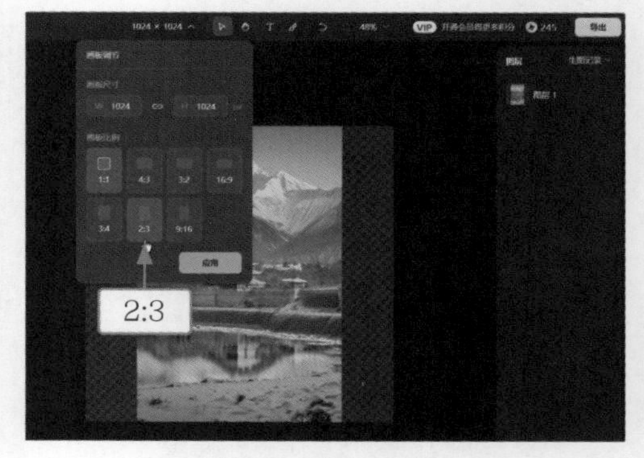

图 10-33 选择 2:3 选项

05 单击“应用”按钮，即可将画板比例调整为与图像尺寸一致，如图 10-34 所示。

06 在左侧的“新建”选项区中，单击“图生图”按钮，如图 10-35 所示。

图 10-34 调整画板比例

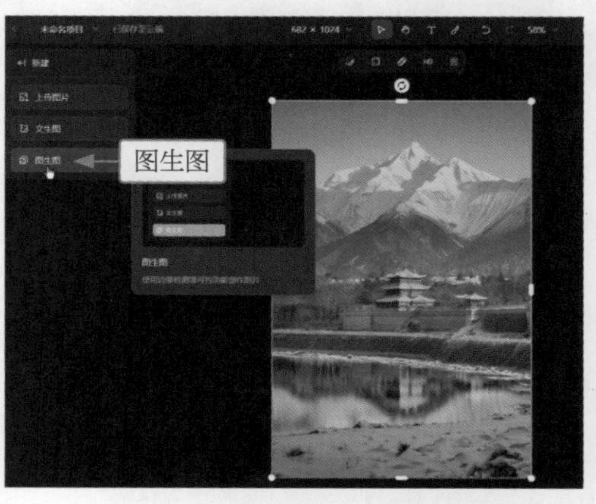

图 10-35 单击“图生图”按钮

07　执行操作后，展开“新建图生图”面板，输入描述词，用于指导 AI 生成特定的图像，如图 10-36 所示。

08　设置“图层参考程度”参数为 50，增加参考图对 AI 的影响，如图 10-37 所示。

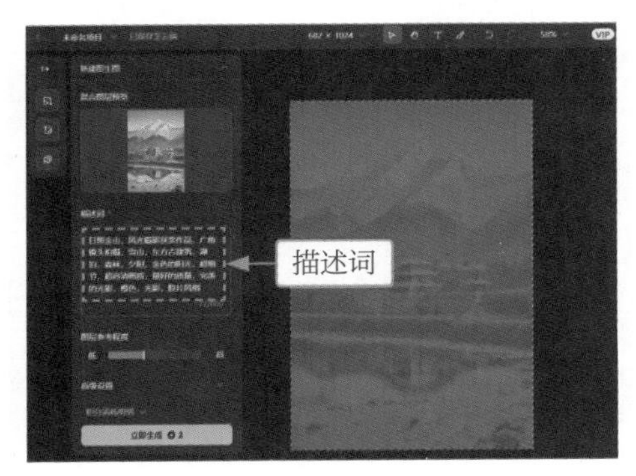

图 10-36　输入描述词

图 10-37　设置“图层参考程度”参数

09　展开“高级设置”选项区，选中“景深构图”单选按钮，如图 10-38 所示，让 AI 参考图片的景深关系。

10　单击“立即生成”按钮，即可生成相应的图像，同时会生成一个“图层 2”图层，效果如图 10-39 所示。

图 10-38　选中“景深构图”单选按钮

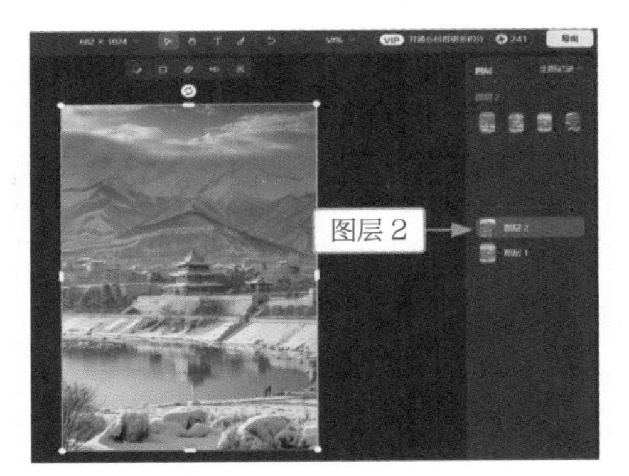

图 10-39　生成图像和图层

11　在“图层 2”图层中，选择第 2 张图片，切换画布中的图像效果，如图 10-40 所示。

12　在图像上方的工具栏中，单击“扩图”按钮，如图 10-41 所示。

图 10-40　切换画布中的图像效果

图 10-41　单击“扩图”按钮

13　执行操作后，弹出“扩图”对话框，选择 16:9 选项，如图 10-42 所示，将画布扩展为横图。

14　在“扩图”对话框的右下角，单击“立即生成”按钮，如图 10-43 所示。

图 10-42　选择 16:9 选项

图 10-43　单击“立即生成”按钮

15 执行操作后，即可生成相应的图像，AI 会在原效果图的基础上，绘制扩展画布中的图像，效果如图 10-44 所示。

16 将“画板比例”设置为 16:9，并适当调整扩图后的图像大小，效果如图 10-45 所示。

图 10-44　扩展图像

图 10-45　调整扩图后的图像大小

17 在图像上方的工具栏中，单击“消除笔”按钮，如图 10-46 所示。

图 10-46　单击“消除笔”按钮

18　执行操作后，弹出“消除笔”对话框，使用画笔工具，涂抹图像中的瑕疵部分，如图 10-47 所示。

19　单击“消除笔”对话框右下角的“立即生成”按钮，如图 10-48 所示。

图 10-47　涂抹图像

图 10-48　单击“立即生成”按钮

20　执行操作后，即可修复图像，效果如图 10-49 所示。

21　在图像上方的工具栏中，单击“无损超清”按钮，如图 10-50 所示，即可修复图像的画质。

图 10-49　修复图像

图 10-50　单击“无损超清”按钮

第 11 章

视频实践：用 AI 构建沉浸式的动态场景

在数字媒体的浪潮中，即梦的 AI 视频生成技术不仅极大地简化了视频创作的流程，还为创意表达开辟了全新的维度。本章将通过 4 个制作 AI 视频的实践案例，探索如何利用即梦将静态图像、文字描述，甚至想象中的场景转化为生动的视频内容。

11.1　AI 电影预告实践：急速飞车

在电影产业中，预告片是吸引观众、激发观影欲望的重要工具。随着 AI 技术的飞速发展，电影预告片的诞生方式被彻底革新，为视频编辑与创意产业开辟了新天地，让电影预告制作焕发新生。通过 AI 的力量可以创造出令人兴奋的电影预告片，效果如图 11-1 所示。

扫码看视频

扫码看效果

图 11-1　效果展示

下面介绍使用即梦生成电影预告片的操作方法。

01　进入“视频生成”页面的“图片生视频”选项卡，单击“上传图片”按钮，弹出“打开”对话框，选择参考图，如图 11-2 所示。

02　单击“打开”按钮，即可上传参考图，如图 11-3 所示。

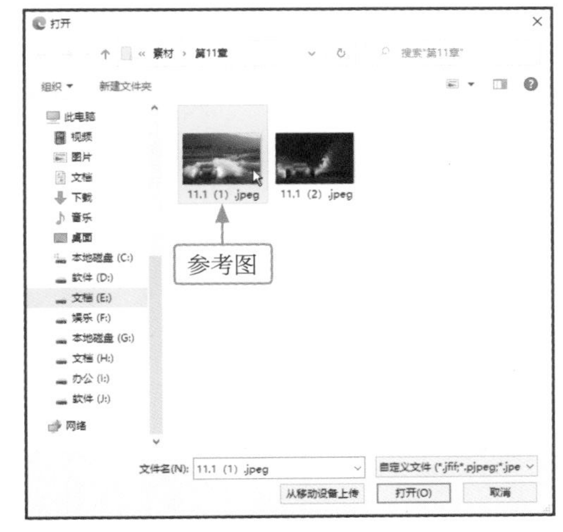

图 11-2　选择参考图

图 11-3　上传参考图

03 开启“使用尾帧”功能，如图 11-4 所示，将前面上传的参考图作为起始帧。

04 单击“上传尾帧图片”按钮，上传一张参考图，作为 AI 视频的结束帧，如图 11-5 所示。

图 11-4　开启“使用尾帧”功能

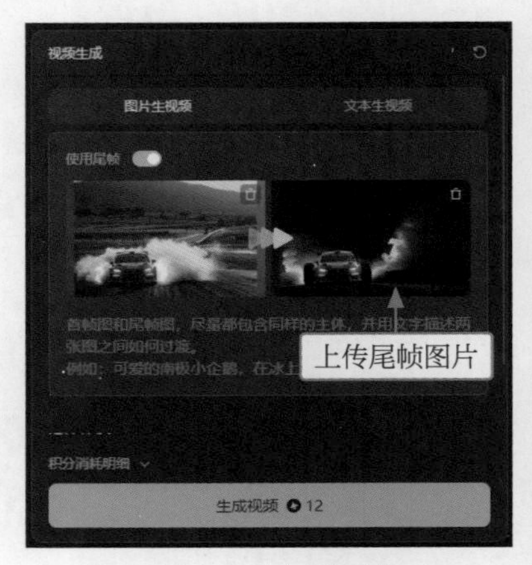

图 11-5　上传尾帧图片

05 输入描述词，用于指导 AI 生成特定的视频，如图 11-6 所示。

06 展开“视频设置”选项区，设置“运动速度”为“快速”，如图 11-7 所示，快速的镜头运动可以为视频增加一种紧迫感，同时为观众带来更震撼的观看体验。

图 11-6　输入描述词

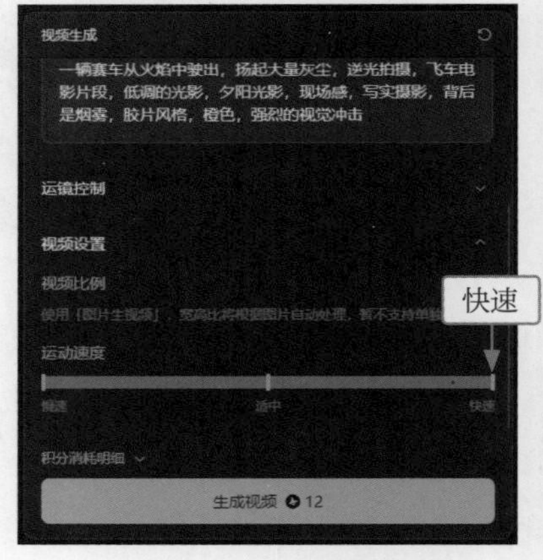

图 11-7　设置“运动速度”选项

专家提醒

下面介绍部分描述词的作用：

- “逆光拍摄”能够创造出强烈的光影对比效果，让主体轮廓更加突出，同时使画面产生神秘和戏剧性的氛围。
- “低调的光影”意味着场景中会有大量的暗部和少量的亮部，这有助于营造出一种紧张和悬疑的氛围。
- “现场感”表示视频画面会通过写实摄影手法，使观众产生身临其境的感觉。

07 单击“生成视频”按钮，即可开始生成视频，并显示生成进度，如图 11-8 所示。

08 稍等片刻，即可生成相应的电影预告视频，效果如图 11-9 所示。

图 11-8　显示生成进度

图 11-9　生成电影预告视频

11.2　AI 动物纪录实践：北极熊

在探索自然界的奥秘和野生动物的生活习性时，AI 技术的应用正逐渐改变我们记录和呈现这些瞬间的方式。例如，北极熊作为北极地区的顶级捕食者，不仅是生态平衡的关键，也是自然之美的代表。本节将深入讨论如何使用即梦来辅助动物纪录片的创作，利用 AI 算法增强影像的真实感和细节，效果如图 11-10 所示。

扫码看视频

扫码看效果

图 11-10　效果展示

下面介绍使用即梦生成动物纪录片的操作方法。

01　进入“图片生成”页面，输入描述词，用于指导 AI 生成特定的图像，如图 11-11 所示。

02　单击“比例”选项右侧的按钮，展开“比例”选项区，选择 3:4 选项，如图 11-12 所示，将画面尺寸调整为竖图。

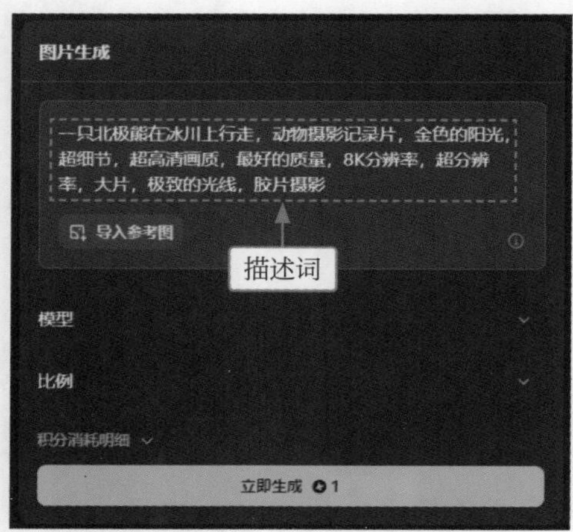

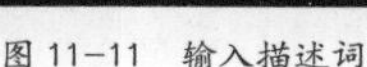
图 11-11　输入描述词

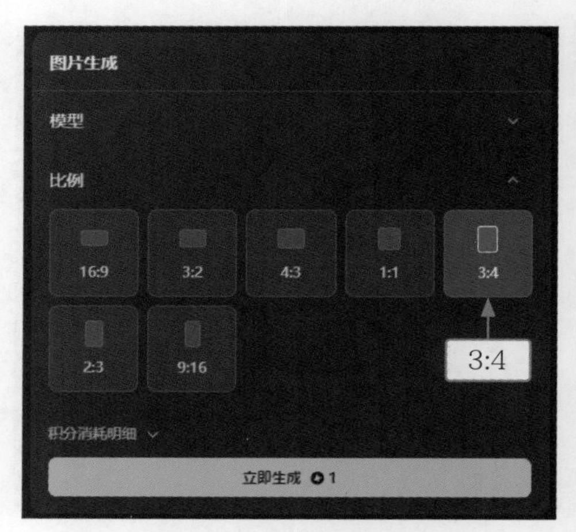

图 11-12　选择 3:4 选项

03 单击“立即生成”按钮，即可生成相应比例的图像，效果如图 11-13 所示。

04 选择合适的图像，单击下方的“下载”按钮，如图 11-14 所示，即可下载所选的单张图片。

图 11-13　生成相应比例的图像

图 11-14　单击“下载”按钮

05 进入“视频生成”页面的“图片生视频”选项卡，单击“上传图片”按钮，弹出“打开”对话框，选择参考图，如图 11-15 所示。

06 单击“打开”按钮，即可上传参考图，输入描述词，用于指导 AI 生成特定的视频，如图 11-16 所示。

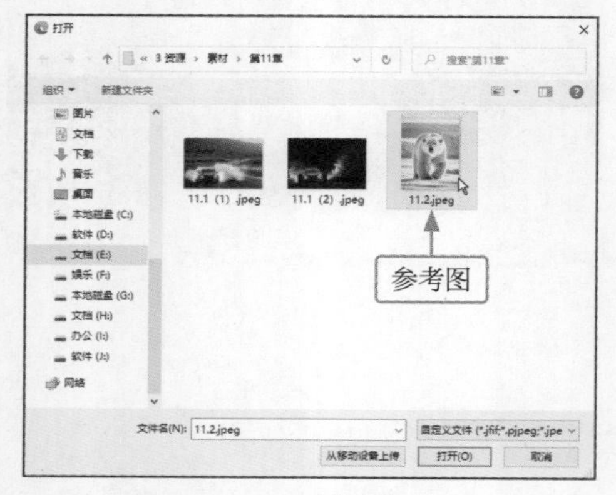

图 11-15　选择参考图

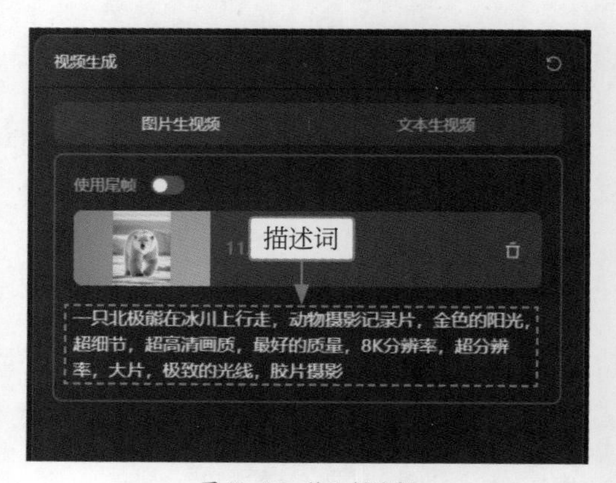

图 11-16　输入描述词

07 展开“运镜控制”选项区，在“运镜类型”列表框中选择“推近”选项，如图 11-17 所示。

08　展开“视频设置”选项区，设置“运动速度”为“慢速”，如图 11-18 所示，通过慢慢接近拍摄对象，可以突出画面中的某个特定元素，使其成为观众注意的焦点。

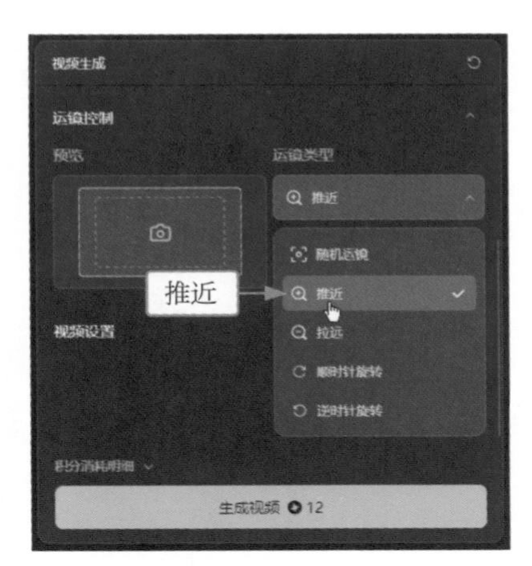

图 11-17　选择“推近”选项

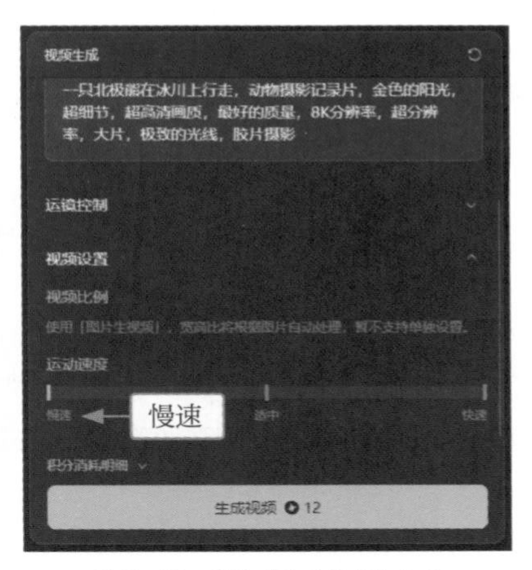

图 11-18　设置“运动速度”选项

专家提醒

慢速推镜头可以引导观众的情感，逐渐深入地感受角色的内心世界或场景的情感氛围。虽然镜头的运动速度被放慢，但推镜头的逼近效果可以逐渐建立紧张感或期待感，为即将发生的事件创造悬念。

09　单击“生成视频”按钮，即可开始生成视频，并显示生成进度，如图 11-19 所示。

10　稍等片刻，即可生成相应的动物纪录视频，效果如图 11-20 所示。

图 11-19　显示生成进度

图 11-20　生成动物纪录视频

11.3　AI 游戏 CG 实践：龙腾云海

扫码看视频

CG（Computer Graphics，计算机图形学）视频是一种展示游戏故事背景、角色设定和视觉风格的有效手段，一般在游戏宣传及游戏过程中衔接剧情时使用，对于游戏的细致描述和剧情的升华起到重要作用。

本节主要运用即梦来打造一部游戏 CG 视频，通过 AI 算法来实现逼真的动画和流畅的镜头运动效果，将游戏的世界观、角色和情感深度生动地呈现给观众，效果如图 11-21 所示。

扫码看效果

图 11-21 效果展示

下面介绍使用即梦生成游戏 CG 视频的操作方法。

01 进入“视频生成”页面的“图片生视频”选项卡，单击“上传图片”按钮，弹出“打开”对话框，选择参考图，如图 11-22 所示。

02 单击“打开”按钮，即可上传参考图，输入描述词，用于指导 AI 生成特定的视频，如图 11-23 所示。

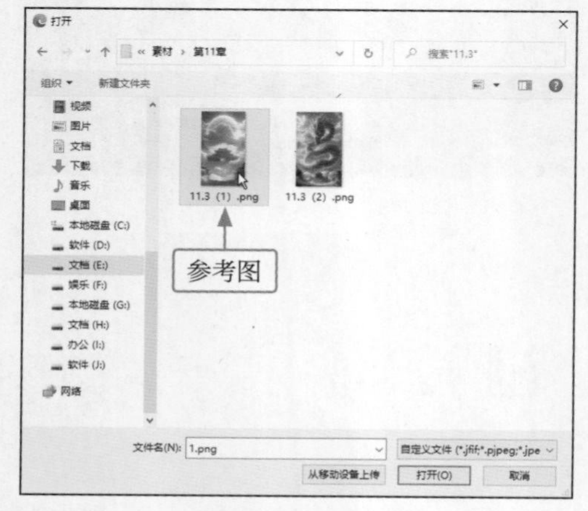

图 11-22 选择参考图

图 11-23 输入描述词

03　单击"生成视频"按钮，即可生成相应的视频效果，单击"重新编辑"按钮，如图 11-24 所示。

04　返回"图片生视频"选项卡，单击参考图右侧的"删除"按钮，如图 11-25 所示。

图 11-24　单击"重新编辑"按钮

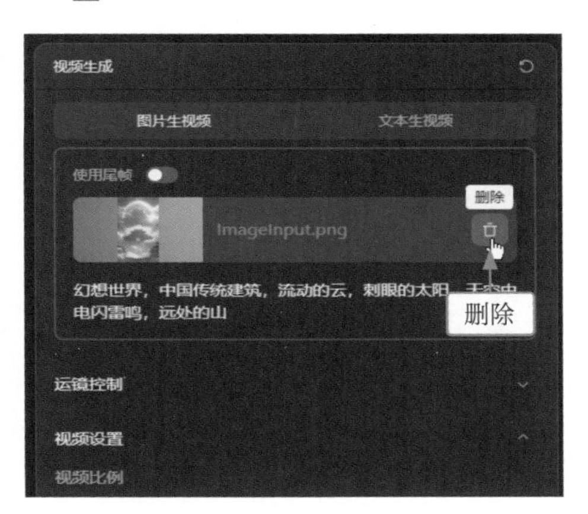

图 11-25　单击"删除"按钮

05　执行操作后，删除参考图，单击"上传图片"按钮，如图 11-26 所示。

06　在弹出的"打开"对话框中，重新选择参考图，如图 11-27 所示。

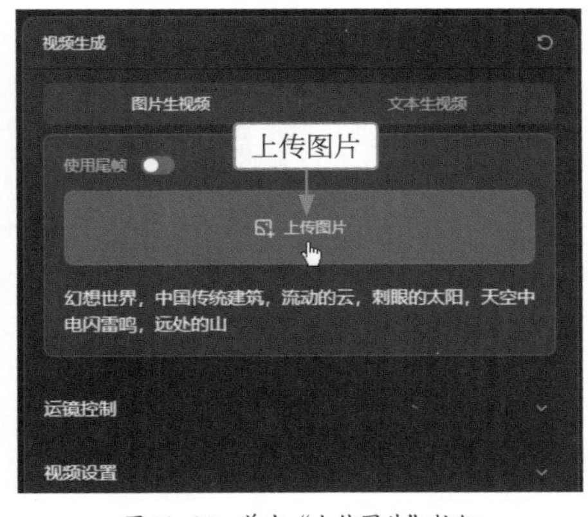

图 11-26　单击"上传图片"按钮

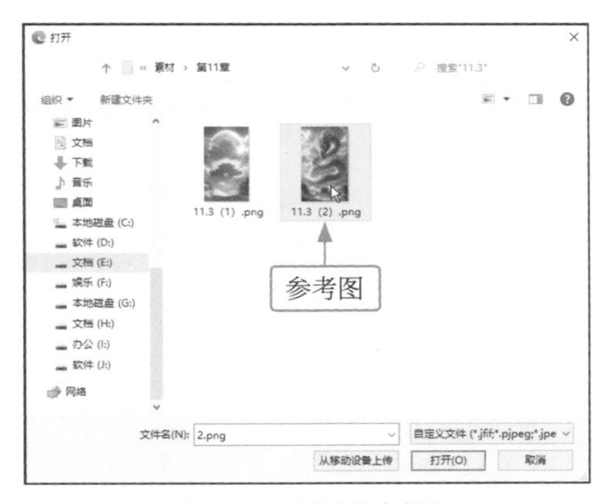

图 11-27　重新选择参考图

07　单击"打开"按钮，即可上传新的参考图，如图 11-28 所示。

08　适当修改描述词，用于指导 AI 生成特定的视频，如图 11-29 所示。

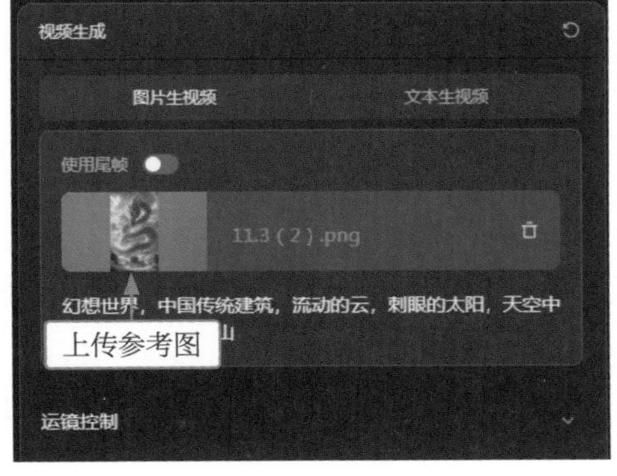

图 11-28　上传新的参考图

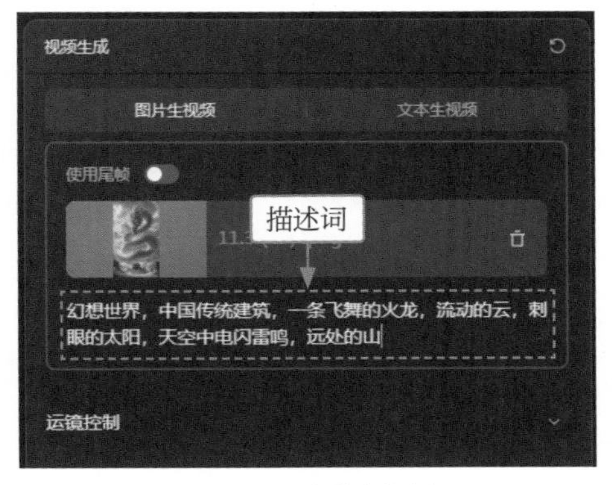

图 11-29　适当修改描述词

09 展开“运镜控制”选项区，在“运镜类型”列表框中选择“推近”选项，如图 11-30 所示。

10 展开“视频设置”选项区，设置“运动速度”为“快速”，如图 11-31 所示，快速推镜头可以创造出丰富的视觉效果。

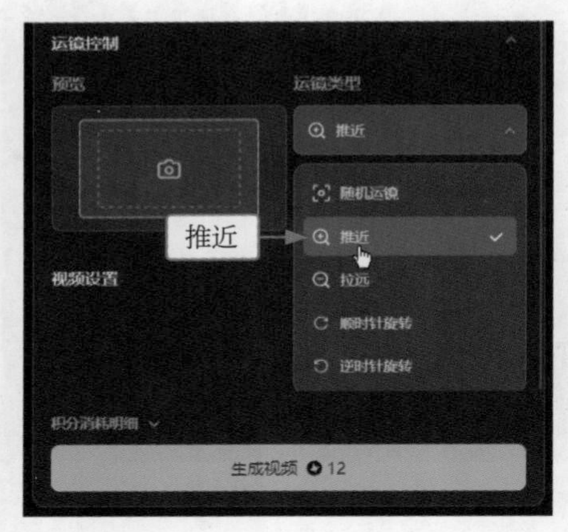

图 11-30　选择“推近”选项

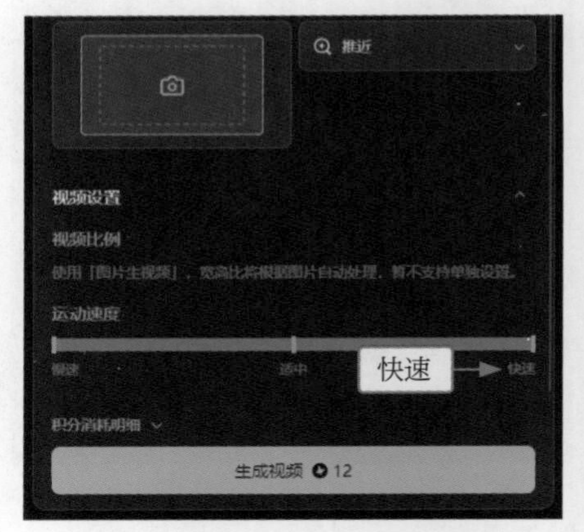

图 11-31　设置“运动速度”选项

11 单击“生成视频”按钮，即可开始生成视频，并显示生成进度，如图 11-32 所示。

12 稍等片刻，即可生成相应的游戏视频，效果如图 11-33 所示。

图 11-32　显示生成进度

图 11-33　生成游戏视频

专家提醒

本章案例的最终效果是利用剪映完成剪辑和合成的，并为视频添加了背景音乐与音效。对于渴望学习更多视频编辑技巧的读者，推荐阅读《剪映短视频剪辑从入门到精通：调色 + 特效 + 字幕 + 配音》这本书籍。

11.4　AI 风景视频实践：海景月色

扫码看视频

通过即梦的视频生成功能，我们可以将想象中的自然风光转化为可视化的视频内容，创造出令人惊叹的虚拟风景。本节主要介绍如何将 AI 生成视频的技术与人类艺术家的无限创意巧妙融合，创造出既具有科技魅力又不失艺术气息的海景月色视频，效果如图 11-34 所示。

扫码看效果

图 11-34　效果展示

下面介绍使用即梦生成风景视频的操作方法。

01　进入“图片生成”页面，输入描述词，用于指导 AI 生成特定的图像，如图 11-35 所示。

02　单击“比例”选项右侧的按钮，展开“比例”选项区，选择 2:3 选项，如图 11-36 所示，将画面尺寸调整为竖图。

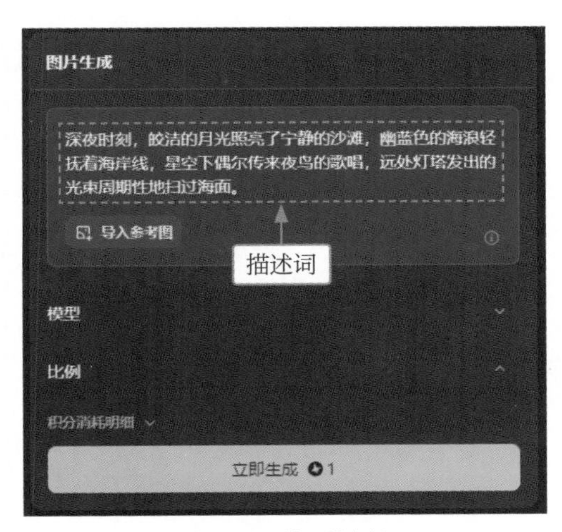

图 11-35　输入描述词

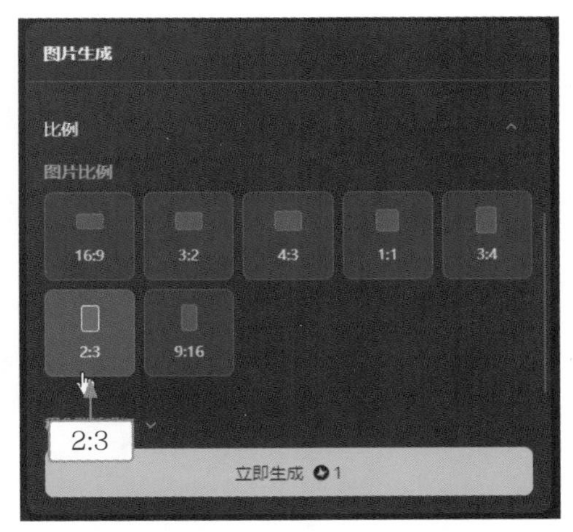

图 11-36　选择 2:3 选项

03　单击“立即生成”按钮，即可生成相应比例的图像，效果如图 11-37 所示。

04　选择合适的图像，单击下方的“下载”按钮，如图 11-38 所示，即可下载所选的单张图片。

图 11-37　生成相应比例的图像

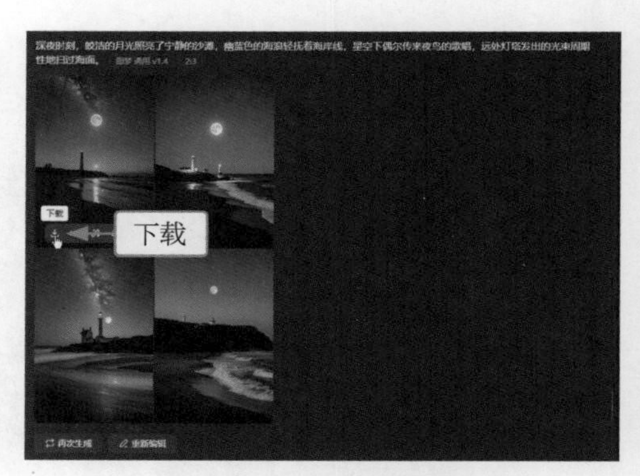

图 11-38　单击“下载”按钮

05　进入“视频生成”页面中的“图片生视频”选项卡，单击“上传图片”按钮，弹出“打开”对话框，选择参考图，如图 11-39 所示。

06　单击“打开”按钮，即可上传参考图，输入描述词，用于指导 AI 生成特定的视频，如图 11-40 所示。

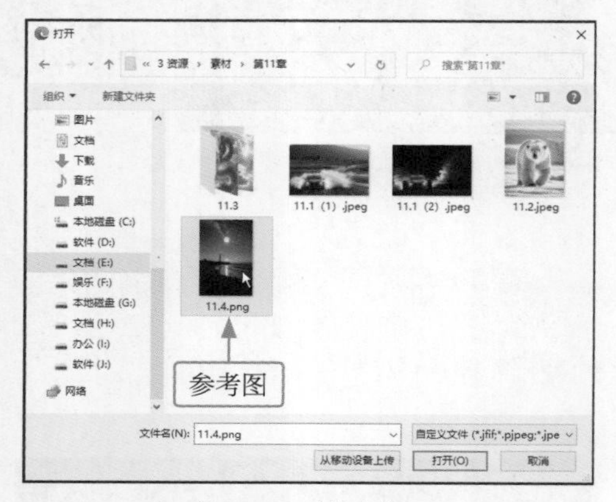

图 11-39　选择参考图

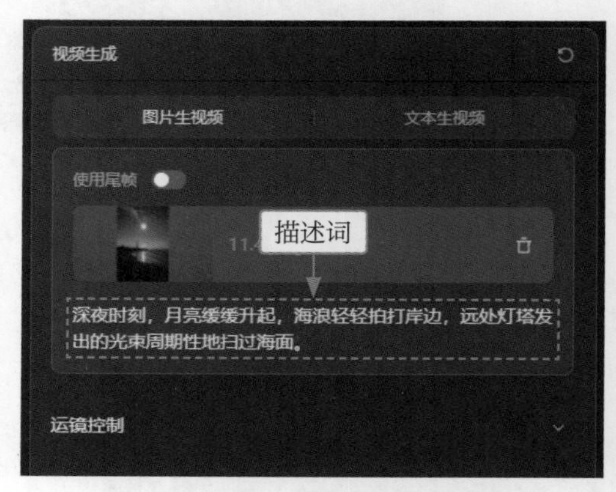

图 11-40　输入描述词

07　展开“运镜控制”选项区，在“运镜类型”列表框中选择“推近”选项，如图 11-41 所示。

08　展开“视频设置”选项区，设置“运动速度”为“慢速”，如图 11-42 所示，减慢运镜速度，可以让观众更深入地感受视频场景的情感氛围。

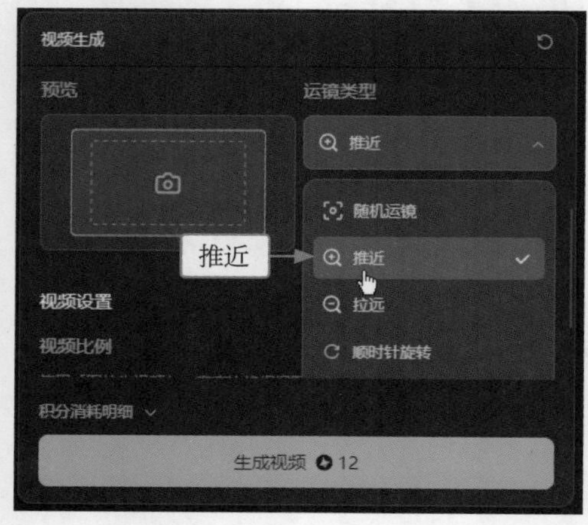

图 11-41　选择“推近”选项

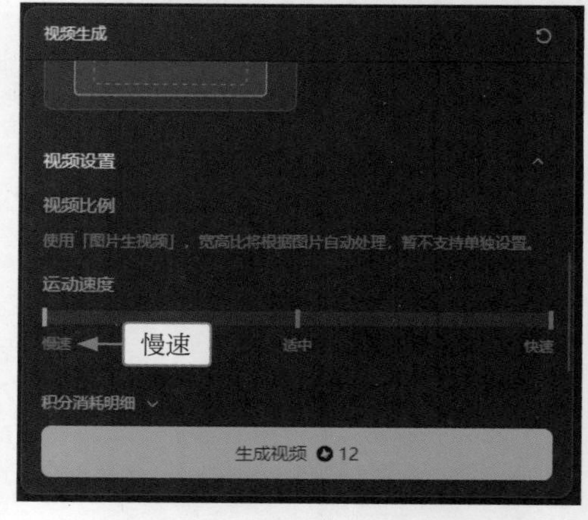

图 11-42　设置“运动速度”选项

09 单击“生成视频”按钮，即可开始生成视频，并显示生成进度，如图 11-43 所示。

10 稍等片刻，即可生成相应的视频效果，单击“延长 3s”按钮，如图 11-44 所示。

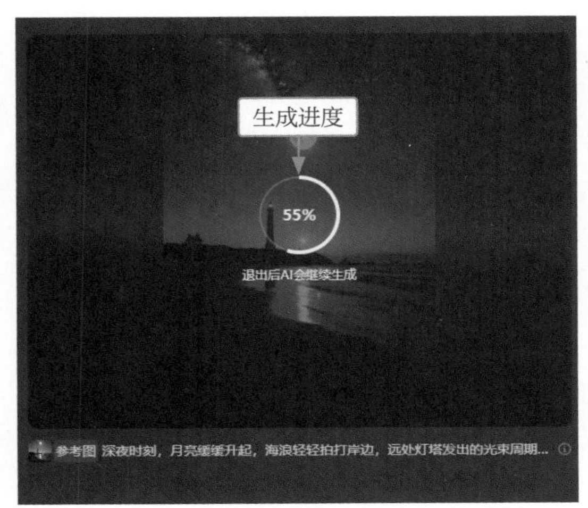

图 11-43　显示生成进度

图 11-44　单击“延长 3s”按钮

11 执行操作后，即可将视频时长延长为 6s，再次单击“延长 3s”按钮，如图 11-45 所示。

12 执行操作后，即可将视频时长延长为 9s，如图 11-46 所示。

图 11-45　再次单击“延长 3s”按钮

图 11-46　将视频时长延长为 9s

专家提醒

尽管即梦的视频生成功能在创新性和便利性方面取得了显著进展，但它在模拟真实世界状态方面仍存在局限。在本案例中，当尝试延长视频时长时，我们观察到月亮的形状和天空的变化出现了一些不自然之处，这些瑕疵是当前大多数 AI 视频生成模型普遍存在的问题。相信即梦平台会在后续的更新中，持续改进 AI 模型的算法，以更准确地理解和模拟现实世界中的物理规律和视觉现象。